NICOLA SIEVERLING

PLAN B

* Jobwechsel?
* Start-up?
* Aussteigen?

Endlich etwas finden, für das man wirklich brennt

kailash

Verlagsgruppe Random House FSC® N001967

1. Auflage
Originalausgabe
© 2020 Kailash Verlag, München
in der Verlagsgruppe Random House GmbH,
Neumarkter Straße 28, 81673 München
Lektorat: Annette Gillich-Beltz
Satz: Satzwerk Huber, Germering
Umschlaggestaltung: ki 36 Editorial Design, München, Daniela Hofner
Druck und Bindung: CPI books GmbH, Leck
Printed in the Czech Republic
ISBN 978-3-424-63197-5
www.kailash-verlag.de

Besuchen Sie den Kailash Verlag im Netz

Für S., meinen Lieblingsmenschen

INHALTSVERZEICHNIS

2

EINLEITUNG

Das Leben ist zu kurz für den falschen Job. Viele Menschen sind dennoch verhaftet in einem Berufsalltag, der sie weder zufrieden noch glücklich macht. Sie sehnen sich jahrelang nach beruflicher Erfüllung, doch sie schaffen es nicht, etwas zu ändern. Dabei haben wir nur dieses eine Leben und sollten das Beste daraus machen! Inspirationen sind reichlich vorhanden, denn die Medien berichten beinahe täglich von Aus- und Umsteigern, die ihrem Leben eine neue Richtung gegeben haben. Es gibt so unglaublich viele Ideen, wie es sich erfüllt arbeiten lässt oder an welchen wunderschönen Orten die Seele baumeln darf. Das geht los mit der klassischen Variante, als Yogalehrerin sein Geld zu verdienen. Jeden Morgen die Sonne grüßen und dabei noch andere Menschen in Bewegung zu bringen, hat einen großen Reiz. Aber auch als Milchbauer in den Alpen, als Surflehrer in Portugal oder als Altenpflegerin auf Rügen.

Ich selbst träumte einige Zeit davon, ein Café oder eine kleine Pension an der Ostsee zu eröffnen. In meinen Gedanken hatte ich den Altbau schon längst im skandinavischen Stil eingerichtet, das Logo entworfen und das Frühstücksbuffet bestückt. Weiter bin ich nicht gekommen, weil ich mir – wie so oft – nicht sicher war, ob es das Richtige für mich ist. Wenn ich A wähle, muss ich auf B verzichten. Und was ist mit C? Und D da hinten winkt mir auch zu. Im schnelllebigen Zeitalter der Digitalisierung und Globalisierung gibt es mittlerweile ein riesiges Angebot und viele neue innovative Geschäftsfelder.

Wenn Sie dieses Schwanken zwischen Unzufriedenheit, Ideen, Zweifeln und Unsicherheit kennen, heiße ich Sie herzlich will-

kommen im Club der Menschen, die von einer beruflichen Umorientierung träumen, sich aber nicht so recht trauen, ihren
Traum umzusetzen. Denn Ängste und Zweifel nehmen dem
Traum die bunten Farben und den Glanz. Das geht ganz schnell.
Peng, ist der Traum plötzlich nur noch mausgrau. Lassen Sie das
nicht zu! Nehmen Sie Ihr Leben in die Hand. Das kann niemand
anderes als Sie selbst.

Mit diesem Buch möchte ich Ihnen dabei helfen, Ihren Plan B
umzusetzen. Es ist ein praxistauglicher Begleiter für eine berufliche Umorientierung, ein Ratgeber, der Ihre Talente und Ressourcen sichtbar macht, Sie inspiriert und Ihnen Mut macht.

Als ich auf der Suche nach neuen Wegen war, hätte ich mir ein
solches Buch gewünscht.

*Nach meiner Ausbildung als Verlagskauffrau habe ich viele Jahre als
angestellte Redakteurin in verschiedenen renommierten Verlagen und Redaktionen im hohen Norden Deutschlands gearbeitet. Mit neununddrei-
ßig Jahren habe ich den Ausstieg aus der Sicherheit gewagt. Es war höchs-
te Zeit für eine Veränderung, das spürte ich deutlich. Doch wie diese neue
berufliche Zeit in meinem Leben aussehen sollte, hat mir lange Kopf-
zerbrechen bereitet. Schließlich habe ich nach einer beinahe einjährigen
Auszeit den Schritt in die Selbstständigkeit gewagt. Nach sechzehn erfolgreichen, aber stressreichen Jahren in der PR-Branche zeigte mir mein
Körper die Grenzen auf. Ich entschloss mich, der hektischen Großstadt
den Rücken zu kehren und aufs Land zu ziehen. Nun lebe ich in einem
236-Seelen-Dorf in der Nähe der Ostsee und arbeite als Kommunika-
tionsberaterin, freie Redakteurin, Moderatorin und Media-Coach. Ich
lebe meinen Traum und bin glücklich.*

Der Wunsch nach einer beruflichen Umorientierung ist zugleich der Wunsch nach persönlicher Weiterentwicklung. Lassen

Sie diesen Wunsch zu und hören Sie auf Ihr Herz und Ihre innere Stimme. Sie gibt Ihnen Klarheit, die Sie für eine Umorientierung brauchen. Wenn Sie Ihre innere Stimme hören, ist das wie ein erster kleiner Schritt zur Erfüllung des Traumes. Es gilt, nur auf die eigenen Botschaften zu achten und ihnen zu folgen. Spüren Sie Blockaden und Verhinderer auf und machen Sie sie unschädlich. Lernen Sie Ihre Ressourcen kennen – Ihre Talente und Fähigkeiten, die nur darauf warten, von Ihnen entdeckt und aktiviert zu werden.

Wenn Sie Ihre einzigartigen Schätze gehoben haben, ergibt sich ein Persönlichkeitsmuster als Fundament für den Ziellauf. Schließlich geht es um die Entscheidung, ob ein Umstieg ansteht, ein Ausstieg oder eine Kurskorrektur für mehr Erfüllung im Leben. Die zentrale Frage lautet: Wozu sind Sie bereit?

Checklisten zu verschiedenen Berufsfeldern geben Ihnen konkrete Anhaltspunkte, was Sie benötigen, um Ihren Plan B erfolgreich umzusetzen.

Für dieses Buch habe ich viele Gespräche mit drei Coaches geführt, die ihren fachkundigen Rat zu den verschiedenen Themen beigesteuert haben: Sigrun John, Wertecoach mit Schwerpunkt ressourcenorientierte Wahrnehmung, Mediation und Training aus Hamburg. Sabine Keiner, Live Balance Coach, zertifizierter Burnout-Coach und Beraterin aus Köln. Christine Werner, Berufs-Coach mit Schwerpunkt berufliche Erfüllung aus Berlin.

Schließlich habe ich mit vielen Menschen gesprochen, die einen Neustart gewagt haben, Sie finden ihre inspirierenden Geschichten im ganzen Buch. Acht ausführliche Mutmacher-Porträts von Menschen, die über den Umbruch in ihrem Leben berichten, sind aufschlussreich und erhellend zugleich. Sie alle haben eine klare Botschaft: Sie müssen für Ihre Idee brennen und ohne Zweifel mit ganzem Herzen davon überzeugt sein.

Trauen Sie sich und breiten Sie Ihre Flügel aus!

Ihre Nicola Sieverling

KAPITEL 1

MAL GANZ
EHRLICH

Beginnen wir mit einer Bestandsaufnahme.
Was ist der Auslöser für den Wunsch nach Veränderung?
Und warum ist es so schwer, aus dem Wunsch einen
konkreten Plan werden zu lassen und diesen umzusetzen?

1.1 KRISEN ALS AUSLÖSER FÜR EINE VERÄNDERUNG

Morgens möchten Sie statt zur Arbeit lieber sofort zum Flughafen fahren und den nächsten Flieger nehmen. Egal wohin, Hauptsache weit weg vom Job. Ihr Frustpegel ist dauerhaft zu hoch, Ihre Laune beim Gedanken an das aktuelle Projekt total im Keller, und Ihr Körper signalisiert Ihnen, dass Alarmstufe Rot längst erreicht ist. Die Situation erscheint ausweglos, und Sie haben den Eindruck festzustecken. So fühlt sich eine Krise an. Und die zieht nicht nur mit Macht nach unten, sondern sie hat auch viele Gesichter. So kann eine körperliche Krankheit zur Krise werden, das Alter, beispielsweise der nahende fünfzigste Geburtstag, oder einschneidende Erfahrungen wie der Verlust des Arbeitsplatzes, der Tod von nahestehenden Menschen, eine Trennung vom Partner etc.

Alle Krisen haben jedoch eines gemeinsam: Sie zeigen uns an, dass in unserem Leben etwas falsch läuft. Dass es Zeit ist für einen Richtungswechsel. Hätte die Krise eine Stimme, so würde sie uns warnend zurufen: »Halt an und nimm mich wahr! Ich habe dir etwas zu sagen! So geht es nicht weiter!«

Wenn Sie diesen Ruf hören, besteht die Herausforderung darin, Ihre persönliche Lebenssituation unter die Lupe zu nehmen und Schieflagen zu erkennen. Was ist mit meinem inneren Gleichgewicht? Befinden sich Beruf und Privatleben in Balance? Macht mir mein Job noch Spaß oder stresst er mich? Krisen besitzen ein ungeheures Potenzial für Veränderungen, wenn wir sie als Chance wahrnehmen. Dann kann aus einer Krise etwas Gutes erwachsen und etwas Neues entstehen. Es liegt jedoch in der

Natur des Menschen, eine Krise erst einmal als Bedrohung wahrzunehmen und nicht als Chance. Wir sind wirklich gut darin, den
Ruf der Krise zu überhören, ihre Warnzeichen zu übersehen. Bis
sie so laut schreit, dass uns die Ohren schmerzen.

Der Körper schaltet in den Warnmodus

*Meine persönliche Krise bahnte sich langsam an, wurde dann lauter und
lauter, doch ich nahm sie über einen langen Zeitraum nicht wahr. Ich
wollte nicht hinhören. Das Resultat: fünf Hörstürze in fünf Jahren, stets
in einer stressigen Arbeitsphase zum Jahresende. Dies konnte ich absolut
nicht gebrauchen, die Hörstürze hinderten mich an meinem beruflichen
Fortkommen. So dachte ich. Es war mir damals wichtiger, in meinem
PR-Job meine Kunden mit exzellenter Pressearbeit zu versorgen und
stets noch weit vor den vereinbarten Abgabeterminen fertig zu sein. Während sie in den Medien durch meine Arbeit mehr Gehör fanden und sich
öffentlichkeitswirksam präsentieren konnten, hörte ich immer schlechter.
Aber ich machte verbissen weiter. Erst als einige meiner Zellen meinten,
sie müssten sich verändern und bösartig wachsen, habe ich die mittlerweile brüllende Stimme meiner Krise wahrgenommen. Diese Krankheit
war der Anlass für eine Neuausrichtung in meinem Leben. Spät, aber
nicht zu spät.*

Eine Krankheit ist immer ein Warnsignal. Dies muss keine le-
bensbedrohliche Erkrankung sein, unser Körper sendet uns meist
verschiedene, harmlose Warnsignale, die uns darauf aufmerksam
machen, dass wir nicht im gesunden Lebensfluss sind. Es ist ein
Ruf nach Veränderung, der sich oftmals in Schlafstörungen, Kopfschmerzen oder Nackenverspannungen niederschlägt. Wenn wir

dennoch weitermachen wie bisher und uns tapfer jeden Morgen aufs Neue auf den Weg zur Arbeit machen, wird unser Körper deutlicher. Aus den anfänglichen Kopfschmerzen wird eine quälende Migräne, aus der kleinen Nackenverspannung eine schmerzhafte Blockade. Manchmal dauert es wie bei mir Jahre, bis der Körper alle Signallampen unübersehbar auf Rot stellt. Damit zwingt er uns, ganz genau hinzuschauen und vor allem innezuhalten. Die Krankheit lässt uns keine andere Wahl.

Bei einer kritischen Innenschau stellen wir fest, dass unser Leben von Hektik und Zeitmangel geprägt ist. Wir schwimmen im Strom, doch nicht in unserem Tempo und möglicherweise sogar auf der falschen Bahn. Löst eine Krankheit eine Krise aus, ist das immer das Ergebnis eines Prozesses. Eine Krankheitskrise ist nicht mit einem Fingerschnippen plötzlich da. Vorausgegangen ist eine meist längere Entwicklung, in der unser Körper in vielen kleinen Schritten immer wieder kleine Warnsignale gesendet hat. Erst wehte vielleicht nur ein laues Lüftchen, dann wurde daraus ein heftiger Wind, bis uns schließlich ein kräftiger Sturm ins Gesicht bläst. Daher gilt es rechtzeitig hinzuhören und hinzusehen, die Zeichen wahrzunehmen und nicht länger zu ignorieren. Aus meiner Erfahrung weiß ich, mit wie vielen Tricks wir uns über einen langen Zeitraum blind stellen können. Wir wollen einfach nicht hinsehen, weil wir im Leistungsmodus sind und weil wir die vertrauten Pfade nicht verlassen wollen. Also machen wir weiter wie bisher. Bloß keine Zeit verschwenden, sondern mit der vollen Power alles geben. Aber unser Körper klopft weiter an, er vergisst nicht – und irgendwann kommt der Tag, an dem es nicht mehr anders geht. Wir müssen innehalten. Und dann begreifen wir: Wir müssen die Symptome, unsere Krankheit ernst nehmen und schauen, was dahintersteckt.

In solchen Krisen sollten wir unser Augenmerk auf die Sinnhaftigkeit unseres täglichen Tuns richten. Denn hier ist oft die Antwort zu finden, warum der Körper sich weigert zu funktionieren, ob vorübergehend oder dauerhaft. Immer schneller, immer höher und weiter? Häufig fehlt uns der tiefere Sinn in dem, was wir täglich im Job leisten. So erging es Dagmar. Sie arbeitete in einem großen Unternehmen in projektbezogenen Teams. Kaum war ein Projekt abgearbeitet, kam schon das nächste auf den Tisch. Sie konnte die Ernte nie richtig einfahren und einmal tief durchatmen und sich am geglückten Abschluss des Projektes erfreuen. Kaum war sie fertig, da stand ihr Chef schon mit dem nächsten Auftrag in der Tür. Irgendwann kam sie sich vor wie eine Arbeiterin am Fließband. Sie wurde immer unzufriedener, der Frust wurde schließlich unerträglich hoch, was sich in massiven Rückenschmerzen äußerte. Doch Dagmar blieb aus Treue zum Unternehmen in der Spur. Immerhin machte sie diesen Job schon seit vierzehn Jahren, aufgeben kam nicht in Frage. Bis zwei Bandscheibenvorfälle ihr mehr als deutlich machten, dass ein Jobwechsel längst überfällig war. Die Krankheitskrise war letztlich der Auslöser, der Dagmar erkennen ließ, was sie sich von einem Job wünscht, was ihr wirklich wichtig ist. Jetzt weiß sie, was sie will, und sie verwirklichte konsequent ihren Plan B: Seit drei Jahren arbeitet sie in einem Förderinternat für schwer erziehbare Kinder und hat dort ihren Traumjob gefunden.

Midlife-Crisis – die Frage nach dem Sinn

Die Sinnkrise als Auslöser für ein Umdenken und eine Veränderung im Job kennen vor allem diejenigen, die die vierzig überschritten haben. Die Lebensmitte mit der Midlife-Crisis, an der Frauen wie auch Männer arg zu knabbern haben, wirft neue Fragen auf, die Lebensinhalt und Lebensziele betreffen. Plötzlich wird alles noch einmal mit einem neuen Blick betrachtet, es stellt sich die Frage nach dem Sinn. Passt der Job noch zu mir? Bin ich mit dem, was ich tue, wirklich zufrieden? Erfüllt mich meine Arbeit? Will und kann ich das wirklich für den Rest meines Arbeitslebens machen? Mitten im Trubel des Lebens bleiben wir stehen und halten inne. In den 1970er-Jahren hat die amerikanische Autorin Gail Sheehy für diese Phase den Begriff Midlife-Crisis geprägt.

Diese Krise ist in erster Linie psychisch bedingt, hat aber auch einen körperlichen Aspekt: Frauen stecken mitten in der Hormonumstellung mit der psychischen und physischen Achterbahnfahrt, Männer stellen fest, dass ihre Testosteronsteuerung schon einmal besser funktioniert hat. Sie stellen die Partnerschaft in Frage und feiern ihren zweiten Frühling mit einer neuen Freundin oder legen sich einen schicken Sportwagen zu. Beim Blick in den Spiegel stellen Männer und Frauen fest, dass die Faltenbildung trotz teurer Cremes nicht mehr aufzuhalten ist und auch die grauen Haare nicht mehr zu übersehen sind.

In dieser Phase gehen häufig die Kinder aus dem Haus und hinterlassen eine Lücke. Gleichzeitig wird vielleicht ein Elternteil pflegebedürftig. Zu den neuen familiären Herausforderungen kommt die Erkenntnis, dass der geregelte Job zwar den Lebensstil sichert, jedoch nur noch langweilig ist. Wir haben viele Ziele erreicht und Angst, dass ab jetzt nicht mehr viel kommen mag. Der Zenit des Lebens ist überschritten. Die Zeit rast mit Riesenschritten davon, dabei gibt es doch noch so viele Pläne, so viele Ideen und Wünsche an das Leben. Das bedrückende Gefühl, etwas versäumt zu haben und nicht mehr nachholen zu können, führt zu Unzufriedenheit und Selbstzweifeln.

An Selbstzweifeln hatte ich ab Mitte vierzig reichlich und lief wochenlang mit schlechter Laune durch die Gegend. Nichts machte mir mehr Spaß, ich schleppte mich lustlos in mein Büro und zahlte meine Beiträge fürs Fitnessstudio als inaktives Mitglied. Mein Selbstbewusstsein hatte auf der untersten Stufe der Kellertreppe Platz genommen, meine andauernde Gereiztheit nervte nicht nur mich, sondern auch meine Freunde. Warum war ich so? Weil ich mein Leben und den Sinn allen Tuns in Frage stellte, mich plötzlich uralt und träge fühlte, wo ich doch gerade erst gestern noch mit jugendlicher Beschwingtheit die Welt erobert hatte. Ich kam da irgendwie nicht raus, aus dieser Midlife-Crisis, die mir anfänglich nicht bewusst war. Ich jammerte herum, betrauerte meine vertanen Chancen, beruflich grundlegend etwas zu verändern. Doch mit »Hätte ich doch nur« kommen wir nicht gut aus der Midlife-Crisis. Erst als es mir gelang, diese Phase als wichtigen Reifeprozess anzunehmen, der der Selbstfindung und Selbstverwirklichung dienen kann, erhellte sich mein dunkles Gemüt.

Diese Sinnkrise fordert eine bewusste Weichenstellung und eine Neugestaltung des Lebens. Sigrun John ist Coach in Hamburg und versteht es als ihre Aufgabe, Menschen zu helfen, das Beste in sich zu entdecken und sie zu mehr Zufriedenheit und Erfolg im beruflichen und privaten Kontext zu begleiten. Sie plädiert dafür, eine Sinnkrise als Chance zu begreifen, Bilanz zu ziehen und sich durch Veränderungen im Einklang mit seinen Interessen und Prinzipien weiterzuentwickeln: »Die interessante Frage ist, ob wir erkennen, was für uns sinnstiftend ist. Was löst eine tiefe innere Zufriedenheit aus?« Was früher wichtig war, beispielsweise viel Geld zu verdienen, verliert an Bedeutung. Was früher bedeutungslos war, hat jetzt eine neue Strahlkraft. Steht auf der Veränderungsliste ganz oben der Wunsch nach einer beruflichen Veränderung, sollte dieses Bedürfnis gelebt werden. Dafür ist es nie zu spät, schließlich haben wir nur dieses eine Leben. Vor einiger Zeit las ich, dass sogar Menschen mit Mitte zwanzig Sinnkrisen erleben. Dies nennt sich Quarterlife-Crisis und ist das Ergebnis unserer leistungsorientierten Gesellschaft, die junge Menschen nach dem schnellen Abi zum Bachelor und Master peitscht, und anschließend starten sie ohne Verschnaufpause ihre Karriere. Ein sauberer Lebenslauf, sicher beeindruckend für künftige Arbeitgeber, aber welch hoher Preis! Die jungen Erwachsenen machen sich Gedanken darüber, ob der gewählte Job zu ihnen passt. Vielleicht hätten sie doch etwas anderes studieren oder eine Ausbildung machen sollen. Und wollten sie nicht die Welt rocken und großartige Abenteuer erleben? Die Ansprüche an sich selbst sind hoch. Auch aus dieser Krise kommen sie nur heraus, wenn sie nicht ins Grübeln verfallen, sondern aktiv werden: Was ist mir wichtig? Wie kann ich das erreichen? Und dann den ersten Schritt tun.

Mal ganz ehrlich

Die Toilettenpapier-Endlichkeit

Ja, das Leben ist endlich, und eine Übung zeigt das eindrucksvoll auf. Ich habe sie in einem Seminar kennengelernt, in dem es darum ging herauszufinden, welche fünf Dinge im Leben uns glücklich machen. Die Frage lautet: Welche fünf Dinge wollten Sie schon immer einmal machen? Vielleicht eine Motorradfahrt nach Asien, eine sportliche Aktivität in einer Gruppe oder eine fetzige Strandparty mit Freunden? Auch die Sinnfindung im Beruf gehört dazu, zum Beispiel hatte eine Frau aus der Gruppe den Herzenswunsch, ihr Wissen als Personalerin in Workshops weiterzugeben, und ein junger Mann wollte sich mit seinem besten Kumpel in der IT-Branche selbstständig machen.

Doch bevor wir die fünf Dinge aufschreiben sollten, wurde jedem von uns eine Rolle Toilettenpapier ausgehändigt. Toilettenpapier, was soll ich damit?, dachten wir alle. Die Seminarleiterin bat uns, für jedes gelebte Lebensjahrzehnt ein Blatt von der Rolle abzureißen und vor uns zu legen. Dann sollten wir für jedes gute Lebensjahrzehnt, das wir noch vor uns hatten, ein Blatt danebenlegen. Ich erschrak über das Ergebnis. Fünf Blatt Papier hatte ich schon verbraucht, fünf Lebensjahrzehnte also. Sie lagen eindrucksvoll vor mir – und daneben nur noch drei Blatt. Dann wäre ich achtzig und trotz des medizinischen Fortschritts und selbst bei guter Lebensführung eine alte Frau. Die beste Zeit läge dann hinter mir, so meine Einschätzung. Drei Blatt Toilettenpapier sind nicht gerade viel zur Verwirklichung seiner Wünsche und Lebensträume. Ich war erschrocken und zugleich wild entschlossen, diese noch verbliebenen drei Jahrzehnte intensiv für ein sinnvolles, erfülltes Leben nach meiner Wahl einzusetzen. In meinem Kopf machte es bei dieser Übung klick!

Einschneidende Erfahrungen

Besonders einschneidende Ereignisse im Leben können ebenfalls Krisen auslösen. In meinem Freundeskreis sprechen viele von einem Schlüsselerlebnis, das sie dazu veranlasst hat umzudenken und beruflich neue Wege einzuschlagen. Bei einer ehemaligen Arbeitskollegin war es der Verlust des Arbeitsplatzes, der sie dazu zwang, sich hinzusetzen und sich der grundlegenden Veränderung in ihrem Leben zu stellen. Anfangs fühlte sie sich völlig hilflos und ohne Orientierung. Ihr erster Reflex war, den Kopf in den Sand zu stecken und zu hoffen, dass die Kündigung nur ein böser Traum war. Aber es stimmte: Der Job war weg, der absolute Tiefpunkt ihrer Karriere als Vollblutjournalistin erreicht.

Meine ehemalige Arbeitskollegin hat es geschafft, wieder aus dem Loch zu klettern, weil sie sich auf sich selbst besonnen hat. Ihr wurde klar, wie der Stress ihr zugesetzt hatte, wie wenig erfüllend der Job gewesen war. Längst schon ging es nicht mehr um schöne Fabulierkunst, sondern um das schnöde Runterschreiben von Texten, immer mit der Abgabefrist im Nacken. Für sie entpuppte sich die Krise, ausgelöst durch den Jobverlust, als wunderbare Chance, das Karussell des Lebens in ihrem Tempo drehen zu können. Sie gründete eine kleine Eventagentur, ist inzwischen gut im Geschäft und hat vier Mitarbeiter.

Ein weiteres Schlüsselerlebnis, das uns dazu veranlasst, sich auf das wirklich Wichtige im Leben zurückzubesinnen, ist der Tod eines Angehörigen, eines Freundes oder guten Bekannten. Auch eine schwere Krankheit im Familienkreis bringt viele dazu, das eigene Leben auf den Prüfstand zu stellen. In solchen Situationen wird uns die Endlichkeit unseres Daseins vor Augen geführt. Das macht nachdenklich, lässt innehalten und motiviert im besten Sinne zur kritischen Eigenbilanz. Wir schätzen das Leben wieder mehr, geben unseren Bedürfnissen Raum und fragen uns, ob wir am richtigen Platz und am richtigen Ort sind. Der Wunsch wird mächtig, eine Tür zu öffnen – und das Schlüsselerlebnis als Türöffner zu nutzen. Sigrun John kennt solche Krisen, die durch Trennung oder Tod ausgelöst werden. Dann sitzen ihre Klienten verloren wirkend im Sessel vor ihr und zucken bei der Frage, ob der Job sie erfüllt und ihnen guttut, mit den Achseln. »Wir haben den Zugang zu uns und zu Größerem verloren. Wir funktionieren unglaublich gut, um uns im System zurechtzufinden und uns anzupassen«, sind ihre warnenden und weisen Worte.

Eine Krise kann uns aus diesem engen System befreien, wenn wir das wollen und den positiven Effekt erkennen. Wissenschaftler sprechen sogar von einer »Neugeburt«, die aus einer Krise entsteht. Krisen helfen uns, aus dem üblichen Trott herauszukommen und zu wachsen. Wachstum ist besser als Stillstand, behaupte ich kühn. Stillstand verändert nichts, sondern lässt uns verharren und auf der Stelle kreisen. In Krisen lernen wir, in uns selbst hineinzuhorchen. Krisen sprengen unsere Grenzen und können uns beflügeln, mit frischem Denken, Handeln und Fühlen in bislang unbekannte Dimensionen vorzudringen.

1.2 EIN EHRLICHER BLICK IN DEN SPIEGEL

Es ist nicht ganz einfach, sich selbst gegenüber ehrlich zu sein. Sich vor einen Spiegel zu stellen und sich ganz unvoreingenommen zu betrachten. Das zu sehen, was wirklich da ist. Meist sehen wir das, was wir gerne sehen würden, und blenden alles andere aus.

In diesem Kapitel nehme ich Sie mit auf eine Reise nach innen. Dafür sprechen fiktive Personen zu Ihnen, ob Frau oder Mann, spielt keine Rolle. Wichtig sind die Aussagen dieser Personen. Lesen Sie, was sie zu sagen haben und gehen Sie in sich: Erkennen Sie sich in einigen der Aussagen wieder? Halten Ihnen diese fiktiven Personen einen Spiegel vor?

Ich bin ausgebrannt

»Puh, ich sehe wirklich müde aus. Die Augen sind ganz klein heute Morgen und die Falten noch tiefer als sonst. Von Sonnenbräune keine Spur mehr. So blass war ich schon lange nicht mehr. Kein Wunder, der letzte Spaziergang im Wald ist schon Wochen her. Wann war ich das letzte Mal an der frischen Luft? Ich kann mich gar nicht erinnern. Das liegt an diesem verdammten Stress im Büro. Ich komme zu nichts mehr. Das Buch auf meinem Nachtisch verstaubt. Ich lese drei Seiten, und dann ist Pupillenstillstand. Ich habe auch keinen Nerv dazu, weil ich den ganzen Tag auf den Bildschirm starre oder auf die Folien bei den Meetings. Heute ist schon wieder ein Meeting angesetzt. Hoffentlich dauert das nicht wieder bis 21 Uhr. Dieses Dauergequassel über die immer gleichen Themen schlaucht total. Dabei stehen die Abläufe schon lange fest, und wir kennen die Wünsche des Kunden und seine speziellen Anforderungen. Letztes Jahr hat das Projekt wie am Schnürchen funktioniert, und der Kunde war total zufrieden. Und dieses Jahr tun alle so, als wenn wir das Rad neu erfinden müssten. Es wird ständig nachjustiert, und Tommy weiß ohnehin alles besser. Muss mir ausgerechnet der neue Kollege erzählen, wie ich besser arbeiten kann? Warum grätscht der mir rein und stellt mein System in Frage? Hat doch alles super funktioniert. So dauert die Arbeit noch länger, und wir kommen in Verzug. Letzten Samstag musste ich eine Zusatzschicht einlegen, dieses Wochenende sieht es wohl auch wieder danach aus. Heute werden es locker zwölf Stunden im Büro. Aber keiner in unserem Team beschwert sich. Die halten alle still und ziehen es durch, weil sie Angst um ihren Job haben. Oder weil sich keiner die Blöße geben will, dass er komplett alle ist und endlich mal früher nach Hause gehen möchte.«

Das sagen die Wissenschaftler

Fast jeder dritte Arbeitnehmer fühlt sich ausgebrannt. 52 Prozent berichten von Rücken- und Gelenkbeschwerden, 45 Prozent leiden unter Erschöpfung, 31 Prozent haben Schlafstörungen. Die Mehrheit der Befragten macht ihren Job für ihre Leiden verantwortlich. Das zeigt der Fehlzeiten-Report 2018 vom Wissenschaftlichen Institut der AOK, der Universität Bielefeld und der Beuth Hochschule für Technik. Für den Report wurden im Frühjahr 2018 etwa 2.000 Beschäftigte in Deutschland befragt.[1]

Ich habe keine Freizeit mehr

»Ich frage mich, wie lange ich das noch durchhalte. Mein Nacken ist total verspannt, da hilft auch keine Schmerztablette mehr. Davon nehme ich ohnehin zu viele, das ist mir neulich aufgefallen. Vor ein paar Tagen bin ich doch tatsächlich gegen die Wohnzimmertür gelaufen. Das liegt wohl an meiner inneren Unruhe und Nervosität. Nachts liege ich wach und denke daran, wie ich die Arbeit packen soll. Es lässt mich nicht los. Ich komme mir vor wie in einem Hamsterrad, aus dem es kein Entkommen gibt. Jeden Tag laufe ich weiter und weiter, trotz meiner Erschöpfung. Irgendwie kann ich nicht anders. Ich bin ein Leistungstierchen und will alles perfekt machen. So bin ich eben erzogen worden. Meine Eltern haben es mir vorgelebt. Wenn du gut bist, dann bekommst du Anerkennung, und die Menschen finden dich toll. Das ist allerdings ziemlich anstrengend. Manchmal möchte ich raus aus dieser Rolle. Wenn ich ehrlich bin, dann erschrecke ich, wenn ich mich im Spiegel ansehe. Mann, wie düster schaue ich aus der Wäsche. Ich war doch mal eine Frohnatur, die beschwingt durchs Leben lief und Spaß im Job hatte. Als ich vor fünfzehn Jahren in der Firma anfing, war alles noch anders. Doch die Arbeit hat sich verändert, und es wird immer mehr verlangt. Kaum ist die eine Sache vom Tisch, knallen sie mir den nächsten Ordner drauf. Das ist eigentlich Fließbandarbeit, sie wird lediglich besser bezahlt. Ich bin nur noch eine Nummer unter vielen. Früher hat der Chef unsere Namen gekannt und uns morgens mit Handschlag begrüßt. Mit den Kollegen haben wir im Flur ein Pläuschchen gehalten, und die Spielabende bei Eva waren legendär. Was hatten wir für einen Spaß zusammen! Florian lud im Sommer mindestens einmal zum Grillabend ein, und der ehemalige Abteilungsleiter brachte Erdbeerbowle mit. Ich kann mich erinnern, wie viel wir gelacht haben. Das ganze Team war eine eingeschworene Gemeinschaft, und wir haben eine großartige Arbeit gemacht. Zweimal wurden wir intern für unsere Top-Leistung prämiert. Und jetzt? Alles eingeschlafen, weil vom alten Team nur noch zwei Leute da sind. Biggi und Hannes sind in Rente, Cordula hat gekündigt, Andrea haben sie in eine andere Abteilung versetzt. Rosi und Kerstin sitzen mit mir im Großraumbüro, aber vor lauter Arbeit ist keine Zeit für einen Plausch. Nach Feierabend wollen wir alle nur noch nach Hause zu unseren Familien und unsere Ruhe haben. Schließlich müssen wir oft auch am Wochenende für einen Tag ins Büro kommen, wenn wichtige Projekte in der Zeitschleife hängen. Ach, wie ich den alten Zeiten nachtrauere. Gibt es so etwas noch? Ich höre und lese überall nur noch von Dauerstress und Frust am Arbeitsplatz, von Job-Abbau und Burn-out.«

Das sagen die Wissenschaftler

Wer in der Freizeit arbeitet und für seinen Arbeitgeber auch nach Feierabend und am Wochenende erreichbar ist, belastet Partnerschaft und Familie und ist oft unzufrieden mit seiner Work-Life-Balance. Das ist das Ergebnis einer Studie der Hans-Böckler-Stiftung von November 2017.[2]

Ich habe keine Energie mehr

»Der dritte Kaffee macht mich endlich wach, und ich werde jetzt ein bisschen wütend über mich selbst. Wie negativ ich denke! Wie sehr ich jammere und das Leben betrauere! Das bin ich doch gar nicht! Wo ist denn mein Schwung abgeblieben und meine positive Haltung dem Leben gegenüber? Ich bin doch keine graue Maus in der Falle. Oder doch? Ich merke, wie der Job mich verändert hat und an mir zehrt. Das fühlt sich so an, als wenn jeden Tag mehr von meiner Energie abgesaugt wird. Ich schrumpfe innerlich richtig zusammen und schlurfe mit hängenden Schultern durch die Gegend. Wenn mich jemand fragt, welche drei Dinge in meinem Leben den meisten Platz einnehmen, müsste ich sagen: die Arbeit, die Arbeit und noch einmal die Arbeit. Meine Güte, dabei bin ich doch erst neunundvierzig Jahre alt! In voller Blüte, in der Mitte des Lebens! Ich habe noch dreißig gute Jahre vor mir, davon die Hälfte am Arbeitsplatz. Ich will nicht zu denen gehören, die alles aushalten und sich die schönen Seiten des Lebens für die Zeit der Rente aufsparen. Die dann erst anfangen zu leben, ihrem Hobby nachgehen und die Welt bereisen. Das kann schiefgehen, wie ich von meinem Nachbarn weiß. Der arme Sebastian hatte eine 80-Stunden-Woche als Top-Manager in einem amerikanischen Konzern. Ist morgens um 7 Uhr in seine schicke Limousine gestiegen, immer im feinsten Zwirn, und erst spät abends wieder nach Hause gekommen. Seine Frau wollte so gern mit ihm verreisen und hat von einer Kreuzfahrt geträumt. Sebastian hat sie immer wieder vertröstet und ihr versprochen, dass sie alle Reisen unternehmen, die sie sich wünscht, wenn er erst mal in Rente ist. Und dann ist Sebastian genau ein halbes Jahr vorher an einem Herzinfarkt gestorben. Was nützte ihm das viele Geld, das er verdient hat? Nichts. Nein, ich möchte nicht, dass mir das passiert. Das Leben aufschieben – das ist doch nichts anderes, als sich mit seinen Wünschen in die letzte Reihe zu stellen. Das ist eine seltsame Art des Verzichts. Bin ich mir selbst so wenig wert?«

Das sagen die Wissenschaftler

Wer länger als 39 Stunden in der Woche arbeitet, gefährdet seine Gesundheit. Bei 40 Stunden und mehr kommt es zu psychischen Beeinträchtigungen wie Nervosität und Depressionen, haben australische Wissenschaftler festgestellt.[3]

Ich stagniere in meinem Job

»Wenn ich doch nur den Mut hätte, würde ich mein Leben umkrempeln. Ich hätte wahnsinnig große Lust, was ganz anderes zu machen. Ich kann gut organisieren, bin sehr strukturiert und kenne mich im Bereich digitale Strategien super aus. Meine ehemalige Schulkollegin Tina hat sich in dieser Branche selbstständig gemacht. Das läuft richtig prima, weil gerade kleine Unternehmen und der Mittelstand es sich nicht leisten können, einen Spezialisten fest anzustellen. Die Digitalisierung geht so rasant voran, gerade für den Vertrieb gibt es neue Möglichkeiten. Diese Unternehmen buchen dann Tina. So etwas könnte ich mir auch vorstellen. Ich träume schon länger davon, denn das wäre genau meins. Ich könnte selbst bestimmen und würde für mich selbst arbeiten. Aber traue ich mir diesen Schritt wirklich zu? Jetzt noch einmal ein neues Ross besteigen? Nach so vielen Jahren im Unternehmen laufe ich wie ein Ackergaul immer in derselben Spur. Auch wenn der Job mich stresst und die Arbeit immer mehr wird – manchmal gibt es doch auch angenehme Tage. Und ich weiß, was ich habe. Ich kenne meine Kollegen und habe mir im Team einen guten Namen gemacht, weil ich spezialisiert bin. Auf der anderen Seite, wenn ich ganz ehrlich bin, hänge ich fest. Weiter geht es nicht für mich auf der Karriereleiter, und attraktive Perspektiven bietet das Unternehmen leider nicht. Der oberste Chef ist eine echte Fehlbesetzung und kann weder führen noch die Leute mitnehmen. Wenn ich daran denke, wie selbstgefällig er agiert und welche Dinger er sich schon geleistet hat! Jeden anderen hätten sie schon längst vor die Tür gesetzt. Aber er ist der Neffe des Firmengründers und wurde von der Familie auf den Thron gesetzt. Würde ich es denn wollen, wenn man mir doch eine Beförderung anbietet? Vielleicht in der Nachbarabteilung oder in einem unserer Tochterunternehmen? Wenn ich jetzt so darüber nachdenke, muss ich das verneinen. Dann bin ich noch tiefer drin in der Mühle und kann gleich im Büro übernachten. Also doch da bleiben, wo ich gerade sitze? Wenn ich jetzt kündige, muss ich noch einmal ganz neu anfangen. Dabei bin ich so unglaublich müde und erschöpft. Ich könnte mir die Decke über den Kopf ziehen und drei Tage durchschlafen. Habe ich überhaupt die Kraft, eine neue Tür zu öffnen?«

Das sagen die Wissenschaftler

Mehr als jeder zweite Beschäftigte hat das Vertrauen in seinen Arbeitgeber verloren und macht als Folge nur noch Dienst nach Vorschrift. Als Hauptgrund für das Misstrauen nennen Arbeitnehmer laut einer Untersuchung der Unternehmensberatung Ernst & Young fehlende Aufstiegschancen, unfaire Bezahlung und Führungsdefizite.[4]

Ich habe keine Zeit, etwas zu ändern

»Heute Morgen gibt es Müsli. Das ist gesund und hält lange vor, damit ich fit und konzentriert bleibe. Wenn ich so überlege, frage ich mich, für was ich fit bleiben soll. Für einen Job, der mich krank macht und so wenig erfüllt? Warum tue ich mir das jeden Tag an? Naja, das Gehalt ist schon ziemlich klasse, mit Urlaubs- und Weihnachtsgeld. Schmerzzulage, sagen meine Kollegen dazu. Ich kann mir ein angenehmes Leben leisten und fahre zweimal jährlich in den Urlaub. In der Garage stehen mein Wagen und mein Motorrad. Das müsste ich mal wieder bewegen. Fragt sich nur wann. Mir fehlt einfach die Zeit. Kann ich mir das alles auch noch leisten, wenn ich einen beruflichen Neustart wage? Was, wenn die Kunden ausbleiben? Aber wenn nicht jetzt, wann dann? Wie heißt es so schön? No risk, no fun!

Wenn ich noch länger warte, geht noch mehr Zeit ins Land. Jünger werde ich auch nicht. Mein Körper gibt mir mittlerweile so viele Alarmzeichen, ich sollte sie ernst nehmen. Ich will doch nicht so enden wie meine Freundin Susanne, die immer nur gearbeitet hat und mit fünfundfünfzig an einem Herzinfarkt gestorben ist. Geld allein macht nicht glücklich, ich kann es nicht essen und mir davon auch nicht Gesundheit kaufen. Nur, wann soll ich meinen Umstieg planen? Ich brauche so etwas wie ein Konzept und muss mir überlegen, was ich genau und vor allem wo anbieten möchte. Nach einem 12-Stunden-Job sind alle meine Gehirnzellen platt und der Kopf voll. Ich habe neulich von einer Mini-Auszeit gelesen, die ideal wäre, um sich zu orientieren und den Durchblick zu bekommen. Dann könnte ich mir professionelle Hilfe von außen holen. Ich glaube, das wäre die Initialzündung, damit mein Motor wieder in Schwung kommt. Oder ich könnte ein längeres Sabbatical einlegen und Leute fragen, die sich schon getraut haben, ihr Leben komplett zu ändern. Das würde mir Auftrieb geben und Mut machen. Ja, so mache ich es!«

Der Blick in den Spiegel soll Sie an dieser Stelle nicht betrübt zurücklassen. Selbsterkenntnis ist der erste Weg zur Veränderung. Das ist ein kraftvoller Prozess, der Sie in den Spiegel lächeln lässt. Zwinkern Sie sich freundlich zu. Seien Sie gnädig mit sich, denn dann sind die nächsten Schritte viel leichter.

1.3 DIE SKEPTIKER-FALLE

Stellen Sie sich folgende Situation vor: Ihr bester Freund kommt vorbei und erzählt voller Begeisterung von seiner Idee, sich mit einer kleinen Reparaturwerkstatt für Harley-Davidson-Motorräder selbstständig zu machen. Schon lange schraubt er in seiner Freizeit für den Freundes- und Bekanntenkreis, und es kommen immer mehr Anfragen. Jetzt will er aus seinem Hobby ein einträgliches Geschäft machen. Sie wissen, alles, was Ihr Freund anpackt, wird zu Gold, er hat ein sicheres Gespür für gute Geschäfte. Aber als er Sie nach der Ankündigung erwartungsvoll anschaut, verschränken Sie die Arme und brummeln: »Na, ich weiß nicht. Wenn das mal gut geht.«

Das ist die Reaktion eines Skeptikers. Er schaut mit Skepsis in die Welt und schränkt sich dadurch selbst ein. Sein Misstrauen gegenüber allem Neuen hat zur Folge, dass er immer mit mindestens einem Fuß auf der Bremse steht. Skeptiker trauen nur dem, was sie sehen und was wissenschaftlich erwiesen ist. Es mag durchaus positiv sein, mit einer kritischen Grundhaltung die Welt zu betrachten. Sie ist jedoch recht hinderlich beim Beschreiten neuer Wege. Würde man dem Skeptiker zurufen: »Lebe deinen Traum und geh los. Du schaffst das!«, würde er entgegen: »Aber so geht das nicht!«

»Aber« – das ist das Lieblingswort des Skeptikers. Damit wir uns richtig verstehen: Skeptiker sind liebevolle und wunderbare Menschen, sie stehen sich nur selbst im Weg, weil sie mit dem *Aber* eine Mauer aufbauen. Durch Mauern kann man allerdings nicht gehen, es sei denn, man ist erleuchtet und in der Lage, die Materie aufzulösen. Wie das funktioniert, kann ich leider nicht sagen, die Wissenschaft arbeitet noch daran. Doch ich darf Ihnen an dieser Stelle versichern, ich wäre die Erste, die mit einem lauten Juchzer durch die Mauer springen würde. Endlich frei von allen Begrenzungen – wenigstens die um mich herum. Denn ich selbst bin eine Bedenkenträgerin mit der typisch skeptischen Grundeinstellung.

Statt meinen Plan B zu realisieren, habe ich jahrelang nur davon geträumt, aus meinem alten Job in einem großen Hamburger Verlag auszusteigen. Alle noch so zarten Ansätze für einen Berufsausstieg wurden mit dem Wörtchen aber *sofort wieder zerpflückt. Aber ich kann doch nichts anderes als Schreiben! Was Neues ist aber nichts für mich. Das ist was für die anderen.«*

Kommt Ihnen einer dieser Sätze bekannt vor? Spüren Sie die Enge dieser Aussagen? Wenn ich sie laut lese, schnürt es mir die Kehle zu. Die Denkweise ist so eingrenzend und so klein. Die Skeptiker-Falle hindert am Weitflug. Sigrun John bringt es auf den Punkt: »Viele verharren, statt die Flügel zu heben und sich emporzuschwingen.« Wir wollen einmal tiefer hineinblicken in die Gehirnwindungen des Skeptikers.

Angst als Bremse

Angst ist eine der stärksten Emotionen, die wir Menschen empfinden können. Für unsere Vorfahren war sie überlebenswichtig, denn wer Angst hat vor dem Säbelzahntiger, der schleicht vorsichtiger durch das Jagdgebiet. Angst ist ein Schutzmechanismus, sie schärft die Sinne und versetzt uns in den Zustand äußerster Konzentration und Anspannung. Sie kann aber auch eine Art Schockstarre auslösen und uns daran hindern, in irgendeiner Weise aktiv zu werden.

Wenn Sie bei dem Gedanken an berufliche Veränderung Angst empfinden, wirkt sie bremsend. Schon bei der Vorstellung, unbekannte Türen öffnen zu müssen, wird Ihnen mulmig. In der Magengegend breitet sich eine dunkle Wolke aus, die Abwehrwaffe *Aber* wird gezogen. »Aber ich kann nichts anderes. Ich bin spezialisiert auf mein Fachgebiet«, könnte das Argument lauten.

Es ist ganz normal, bei dem Gedanken an einen neuen Job gemischte Gefühle, darunter auch Angst zu empfinden. Geben Sie jedoch der Angst nach, wird es Ihnen nicht gelingen, Ihre beruflichen Chancen mutig anzupacken. Sie behindert einen Neustart.

Akzeptieren Sie die Angst, lassen Sie sich aber nicht von ihr bremsen. Sagen Sie sich zum Beispiel: »Ja, ich habe Angst vor einem neuen Job. Aber ich bin sicher, dass ich es schaffen kann.« Angstschübe sind kein Grund, das neue Vorhaben abzubrechen.

Perfektionismus als Hindernis

Perfektionisten haben einen hohen Anspruch an sich. Die Messlatte hängt hoch, sie möchten möglichst alles richtig machen, alles muss perfekt sein. Der Plan B bleibt lieber in der Schublade liegen, denn die Angst vor dem Unbekannten und dem damit verbundenen Risiko, Fehler zu machen, ist zu groß. Perfektionisten möchten die Kontrolle behalten. Ein Jobwechsel geht jedoch einher mit neuen Anforderungen, denen wir uns stellen müssen. Bringe ich das notwendige Wissen mit? Bin ich dem gewachsen? Die Angst zu versagen ist bei einem perfektionistisch eingestellten Menschen hoch. Was, wenn er nicht vom ersten Tag an weiß, wie die Abläufe am neuen Arbeitsplatz funktionieren? Was, wenn das erste Kundengespräch etwas zäh verläuft? Was, wenn beim Auslandseinsatz bei einer wohltätigen Organisation am Anfang unerwartete Hürden zu überwinden sind?

Die meisten Menschen ärgern sich über Fehler, es ist ihnen unangenehm, wenn etwas nicht gelingt. Und besonders der Perfektionist hadert mit sich, wenn etwas nicht einwandfrei klappt, wenn er Fehler macht. Wir sind aber keine Roboter, die auf Basis eines fest installierten Programmes agieren. Jeder Mensch macht Fehler. Die gute Nachricht ist: Beim nächsten Mal wird es besser. Im Nachhinein ist man schlauer. Vor allem reicher an Erfahrung.

Das gilt auch für Perfektionisten: Seien Sie nachsichtig mit sich. Beim ersten Mal war es nicht perfekt? Jetzt wissen Sie, wie es funktioniert, und sind motiviert, es beim nächsten Mal besser zu machen. So seltsam es sich anhört, doch diese Erfahrung schenkt Elan und Schwung, Neues anzupacken und sich auf noch unbekanntes Terrain zu trauen. Auf zu neuen Ufern!

Die Frage des Alters

Auch dieser Satz entspringt dem Munde eines Skeptikers: »Ich bin zu alt, um mich beruflich noch einmal neu aufzustellen. Wer sollte mich nehmen?« Das ist sowohl die begrenzende Sichtweise von Menschen, die die magischen fünfzig überschritten haben, als auch die von Männern und Frauen, die sich mit Ende dreißig schon zum Altenteil zählen. Wer sagt denn, dass wir jung und dynamisch sein müssen, um uns beruflich noch mal neu zu orientieren? Es ist schlicht falsch zu denken, dass wir ab einem gewissen Alter auf neue Chancen und Herausforderungen verzichten sollten. Sie wollen in Ägypten als Tauchlehrer arbeiten? Sich um Wildtiere in Südafrika kümmern? Warum nicht? Ein Jobwechsel, ob Um- oder Ausstieg, ist ab einem gewissen Alter natürlich kein Selbstläufer – ein grundsätzlicher Verzicht auf die Verwirklichung von Wünschen und Träumen, die Lust auf eine berufliche Veränderung einfach zu ignorieren, ist jedoch Sackgassen-Denken.

Gleichwohl ist eine realistische Einstellung durchaus hilfreich. Zwar belegen Studien: Der Jugendwahn in der Wirtschaft ist vorbei, deutsche Personalchefs setzen zunehmend auf das Know-how der über Fünfzigjährigen. Dazu kommt, dass Spezialisten händeringend gesucht werden. Noch nie war die Nachfrage nach Fachkräften so hoch, die Auswahl an guten Jobs so breit, lautet das Ergebnis der Umfragen. Doch die Alltagspraxis zeigt ein anderes Bild. Für Menschen ab fünfzig wird der rote Teppich nicht mehr ausgerollt. Warum machen viele Personaler denn keinen Freudenhüpfer beim Blick in die Bewerbungsmappe? Weil oftmals die junge Elite in den Personalabteilungen das Sagen hat, für die Jobsucher mit Mitte fünfzig zum alten Eisen gehören. Ein Bewusstseinswandel findet offenbar nur langsam statt.

Wenn die Bewerbung und die Hoffnung auf einen neuen Job schon an der ersten Hürde scheitern, ist das frustrierend für gut ausgebildete und erfahrene Best Ager. Es bleibt als Option die Selbstständigkeit mit ihren Sonnen- und Schattenseiten. Die neue Freiheit und Eigenverantwortlichkeit muss sorgfältig mit finanziellen Einbußen abgewogen werden. Wer sein Leben lang angestellt war, begibt sich mit der Selbstständigkeit auf unbekanntes Terrain. Dafür braucht es Neugierde und die Bereitschaft, den Kopf mit neuem Wissen anzureichern. Das fällt Menschen mit dreißig Jahren leichter, das ist einfach so. Überstrahlt für Sie dennoch die Sonne den Schatten? Dann sollten Sie motiviert durchstarten.

Dem medizinischen Fortschritt sowie dem Wandel zu einer gesunden Lebensführung haben wir es zu verdanken, dass sich in unserer Gesellschaft die Definition von »alt« verändert. Mit Mitte fünfzig galten unsere Großeltern als alt, wir hingegen befinden uns in der kraftvollen Mitte des Lebens, sind Best Ager, die von der Wirtschaft gebraucht werden, denn unser Erfahrungswissen ist ein wertvoller Schatz für viele Arbeitgeber. In der Variante als externer Anbieter von Produkten und Dienstleistungen sogar wertvoller denn je.

Achtung vor Skeptiker-Freunden

Zusammen sind wir stark. Die beste Freundin ist unser Anker im Leben, mit ihr besprechen wir alles, auch intime Dinge. Männer haben ihren besten Kumpel, mit dem sie durch dick und dünn gehen. Freundschaften, so haben Wissenschaftler herausgefunden, geben dem Leben einen Sinn. Sie geben das Gefühl, gerade in schweren Zeiten treue Unterstützer und Weggefährten zu haben. Freunde helfen uns bei Entscheidungen und stehen mit Rat und Tat an unserer Seite.

Doch wie weit gehen Ihre Freunde mit Ihnen mit, wenn Sie sich für einen beruflichen Richtungswechsel entscheiden, den sie mit großer Skepsis betrachten? Wenn sie Sie nicht unterstützen oder sogar versuchen, Ihnen den Wechsel auszureden, ist es nicht leicht, standhaft zu bleiben und klar und aufrecht zu seinen Träumen zu stehen. Müssen Sie sich das antun? Fast alle Um- und Aussteiger, die in diesem Buch porträtiert sind, haben nach Bekanntgabe ihrer Pläne das gesamte Kaleidoskop von Fassungslosigkeit über Ablehnung bis zur harschen Kritik erfahren. Von Freunden, von der Familie und von Arbeitskollegen. Kommentare wie »Das kannst du doch gar nicht« über »Du gibst einen tollen Job auf« bis zu »Wenn du das machst, spreche ich nicht mehr mit dir« beflügeln nicht unbedingt.

Als ich zwei Bekannten, die ebenfalls selbstständig sind, von meiner Entscheidung berichtete, die hektische Großstadt gegen ein Dorfleben in der Nähe der Ostsee eintauschen zu wollen, erntete ich hämische Kommentare. Ich würde in diesem kleinen Dorf auf einfältige Nachbarinnen treffen, mit denen ich mich lediglich über die Wahl des richtigen Waschmittels unterhalten könne. Für lukrative Kundenprojekte sei ich dann ohnehin zu weit weg, denn die Musik spiele eben nur in der schicken Großstadt. Abgehängt, geistig unterfordert und bald mittellos – so sah also mein Schicksal aus.

Hier zeigt sich: Die Definition eines sinnstiftenden Lebens ist so vielfältig wie die Menschheit selbst. Hinter der Skeptiker-Fassade stecken meist Neid und Missgunst. Denn da ist jemand plötzlich mutig und macht sich auf den Weg. Er verlässt vielleicht die gemeinsame, altvertraute Spur. Er gibt seinem Leben eine neue Richtung, während andere im Stillstand verharren. Schauen Sie einmal genau hin, *wer* Ihnen mit so vielen Vorbehalten und destruktiven Worten entgegentritt. »Viele wollen was Sinnvolles machen, die wenigsten gehen los«, lautet die Erfahrung von Sigrun John.

Besonders in Umbruchphasen brauchen Sie Freunde und Familie mehr denn je. Eine stärkende Hand im Rücken, ermunternde Worte und eine vertrauensvolle Begleitung. Sie brauchen Menschen an Ihrer Seite, die Ihnen zurufen: »Du packst das. Ich glaube an dich!« Das gibt Kraft und Zuversicht, wenn Stolpersteine im Weg liegen und es nicht so glatt läuft, wie erhofft, bis aus Plan B Wirklichkeit wird. Meine Freundin Ulrike, mit der ich über diesen Aspekt sprach, ist da sehr kompromisslos. »Wer mir nicht guttut, mit dem umgebe ich mich auch nicht. Ich brauche niemanden, der mich runterzieht und mir meine Ideen ausreden will.« Mögen also die Skeptiker im Freundes- und Familienkreis ihre abwertenden Worte, die oftmals ihrer eigenen Angst, ihrem

Neid und ihrer Missgunst entspringen, für sich behalten. Wer gute Freunde hat, kommt leichter durchs Leben. Manchmal trennt sich in einer solchen Phase die Spreu vom Weizen. Krisen, Umbruchphasen und berufliche Neuausrichtungen sind ein ideales Testfeld für echte Freundschaften und familiäre Beziehungen.

1.4 DIE ROUTINE-FALLE

Der Mensch ist ein Herdentier – und er ist äußerst bequem. Was wir kennen, das lassen wir ungern los. Das gilt für die Partnerschaft genauso wie für den Job. Wer lange in einem Unternehmen ist, der kennt seinen Job aus dem Effeff. Sie wissen, wo auf dem Schreibtisch der Stifthalter liegt und dass der Drehstuhl immer ein bisschen quietscht. Sie kennen die Kollegen, die jeden Morgen müde neben Ihnen im Fahrstuhl stehen. Den Weg zur Arbeit können Sie im Schlaf zurücklegen. Ihre Aufgaben und Verantwortungen im Job sind Ihnen in Fleisch und Blut übergegangen, Ihren Chef und seine cholerischen Ausfälle wissen Sie nach so vielen Jahren gelassen zu nehmen. Auch er nimmt Sie so, wie Sie sind. Wenn der Höhepunkt Ihrer Arbeitswoche die Currywurst mit Pommes am Freitag in der Firmenkantine ist, sitzen Sie richtig tief in der Routine-Falle. Das ist nicht lebensbedrohlich, höchstens langweilig.

Willkommen in der Komfortzone! Das ist die Bezeichnung für jenes Kuschelareal, in dem wir uns sicher und geborgen fühlen. Die Komfortzone ist unser gewohntes Umfeld, und wie wir alle wissen, gibt Gewohnheit Sicherheit. Aus der Routine auszusteigen heißt, sich neuen Herausforderungen zu stellen, unbekannte

Türen zu öffnen, ohne zu wissen, was uns dahinter erwartet. Wer seit vielen Jahren im gleichen Job arbeitet, fürchtet sich vor diesem Schritt. No risk, no fun! Mit dieser saloppen Aufforderung zum Sprung in neue Dimensionen können Routinetierchen nichts anfangen. »Ich habe es so weit gebracht. Soll ich wieder von vorne anfangen? Hier kenne ich doch alles«, lautet ihr Argument. Dabei gibt es einige gute Gründe, sich aus der Routine-Falle zu befreien und den Blick mit aller gebotenen Vorsicht über die Kante gen Horizont schweifen zu lassen.

Veränderung wagen

Wer lange im Job ist, hat Routine entwickelt und weiß, wie alles läuft. Das kann jedoch auch Stillstand bedeuten, eintöniges Allerlei. Zudem können sich Fehler einschleichen, wenn die Aufgaben mehr oder weniger mechanisch erledigt werden und zur Routine eine gewisse Lustlosigkeit kommt. Nicht selten verbirgt sich hinter der Routine eine Unzufriedenheit, die in vielen Gewohnheitstierchen schon länger vor sich hin köchelt. Da ist so eine kleine Stimme, die sich ab und an meldet und vorsichtig nach Veränderung fragt, doch sie verstummt schnell wieder. Die individuelle Komfortzone ist einfach zu schön, um verlassen zu werden. Dazu passt ein Gesprächsfetzen, den ich mal aufschnappte, als ich beim Bäcker den Tag mit Kaffee und belegtem Brötchen startete. Am Nebentisch saßen drei Freundinnen, die sich offenbar über die Arbeit unterhielten. »Manchmal habe ich emotionale Aussetzer im Job«, bekannte eine der jungen Frauen. »Aber damit komme ich schon klar. Ich bleibe lieber in der Spur.« Diese Sätze habe ich mir sofort aufgeschrieben, weil sie so treffend die Gemütslage eines Menschen wiedergeben, der sich in der Routine-Falle befindet.

Ein Job, der wenig fordert, die immer gleichen Abläufe, die immer gleichen Kollegen und ihre immer gleichen Sprüche – aber dennoch in der Spur bleiben. Klingt das nicht ein wenig nach Selbstaufgabe, nach einer Verzagtheit, die uns Menschen mit unseren viele bunten Seiten nur wenig gerecht wird? Routine klingt wie die Farbe Grau. Wie steht es mit neuen Aufgaben, einem beruflichen Wandel als persönlicher Challenge? Das bringt frischen Wind ins Leben. Ein neuer beruflicher Kick kann sehr bereichernd sein. Wer seine Ängste überwindet und sich beherzt aus der eigenen Routineschleife zieht, stärkt zudem sein Selbstbewusstsein. Die Erfahrung zu machen, wie ein beruflicher Umstieg oder ein Ausstieg in ein anderes Leben die eigenen Grenzen sprengt und sogar Spaß macht, füllt das Selbstfreude-Konto. Es stärkt das Selbstbewusstsein, weil wir erfahren, was wir noch alles draufhaben. Das eigene innere Wachstum erhält einen Schub. Wie heißt es so treffend: Man wächst mit seinen Aufgaben. Wir lernen vor allem nie aus. Der Kopf ist dankbar für neues Futter, und die Synapsen im Hirn funken dankbar mit unseren Nervenzellen. Ein Motivationssatz gefällig? Sigrun John hat einen für Sie: »Ich habe es in der Hand. Niemand anders entscheidet über mein Leben.«

Langeweile macht krank

Ein Burn-out ist eine Folge von einer permanenten Überforderung am Arbeitsplatz. Ein Bore-out ist die Folge einer permanenten Unterforderung. Gäbe es dazu ein Bild, würde es einen gähnenden Schreibtischtäter zeigen, dem vor lauter Langeweile gleich der Kopf auf die Tastatur fällt. Wer sich in seinem Job über Wochen, Monate, teils über Jahre langweilt, weil er unterfordert ist, verliert früher oder später seinen Elan. Mit eintönigen Routinearbeiten quält man sich durch den Tag, der Zeiger der Uhr scheint stillzustehen. Es muss unerträglich sein, wenn bereits zu Beginn des Arbeitstages feststeht, dass das Aufgabenpensum in drei Stunden zu schaffen ist. Und dann droht das große Nichts. Es wird ausschweifend mit Kollegen geplaudert, im Internet gesurft, am Computer gespielt. Wenn ich den Erzählungen aus meinem Freundeskreis Glauben schenke, dann ist Bore-out besonders oft im Versicherungswesen anzutreffen. Ein erfolgreicher Manager hat mir mal anvertraut, dass ihn die erst am Abend angesetzten Meetings extrem belasten. Denn bis dahin müsse er die Zeit totschlagen. Die Spiele am Computer kenne er alle schon in- und auswendig. Beim Vorstand mag er sich nicht beschweren, weil er nach außen das Bild des hochmotivierten Karrieretypen zeigen wolle. Außerdem habe er keine Hoffnung, die träge Unternehmenskultur zu verändern. Er ist ebenso wenig ein Faulenzer wie die meisten Opfer von Bore-out. Sie haben ihren Job hochmotiviert und qualifiziert begonnen. Aber interne Strukturen oder schlechte Verteilungsstrategien von Arbeit in einem Unternehmen können zur Unterforderung von Mitarbeitern führen. Manchmal ist auch schlicht nicht mehr los, wenn die Kunden gerade ausbleiben oder Saisonflaute herrscht.

Bore-out macht ebenso wie Burn-out krank. Betroffene leiden an chronischer Unterforderung, fühlen sich wie im Gefängnis, überflüssig und letztlich unnütz am Arbeitsplatz. Sich täglich zu dem aus ihrer Sicht unverdienten Feierabend zu schleppen bedient in negativer Weise ihr Selbstwertgefühl. Wie lässt sich das müde Lächeln wegzaubern? »Aufstehen und gehen!«, möchte man ihnen am liebsten laut zurufen. Genau so funktioniert es. Das Aushalten beenden und sich der eigenen Verantwortung für sein Leben bewusst werden. Aufstehen, die verkrusteten Strukturen durchbrechen, endlich das Abstellgleis verlassen und losgehen. Wer vierzig Jahre alt ist, hat noch mindestens zwanzig Arbeitsjahre vor sich. Auch mit fünfzig lohnt sich ein beruflicher Neuanfang, bevor der Bore-out krank macht. Es gibt keinen Pokal für das Aushalten von Frust, Unzufriedenheit und Langeweile im Job. Wir haben nur dieses eine Leben, das lebenswert gestaltet werden möchte.

31 Prozent der befragten Arbeitnehmer in der Studie »Randstad Employer Brand Research« von 2018 geben Unterforderung als Grund für den Wechsel des Arbeitsplatzes an. Doch viele halten das saure Nichtstun auch aus, weil der Aspekt von Sicherheit und Verdienst höher wiegt. Aber Geld und vermeintliche Sicherheit darf nicht unglücklich machen.

1.5 DIE GELD-FALLE

Geld regiert die Welt. Ohne Moos nichts los. Diese Sprüche sind bestens bekannt. Wir brauchen Geld für Lebensmittel, für Kleidung, für ein Dach über dem Kopf. Wir zahlen Steuern, Versicherungsbeiträge, und im Briefkasten liegen Rechnungen, die bezahlt werden müssen. Wir haben vielleicht einen Partner oder eine Partnerin, Kinder und Haustiere, die wir mitversorgen. Dennoch gibt es Menschen, die bemerkenswerterweise das Experiment starten, sich ohne Geld durch die Welt zu bewegen. Mit extrem reduziertem Lebensstil und umso höherem Einfallsreichtum gelingt ihnen das, was in unserer Gesellschaft für undenkbar gehalten wird. Hut ab, sage ich da. Denn sie pfeifen auf den Sozialstatus und die äußeren Kennzeichen von Wohlstand.

Die meisten Menschen sind jedoch abhängig vom Geld. Ich bin es auch, das gebe ich unumwunden zu. Wussten Sie, dass Geld unseren Charakter negativ beeinflusst? Psychologen der polnischen University of Social Science and Humanities haben bei Experimenten mit Kindern herausgefunden, dass der Umgang mit Geld die Leistungsbereitschaft steigert und den Geiz fördert. Das ist wohl der Grund, warum wir uns jeden Tag in unserem Beruf abrackern, auch wenn es uns keinen Spaß macht. Wir arbeiten, weil wir Geld verdienen müssen. Wir wollen immer noch ein bisschen mehr davon haben. Mit Geld lassen sich die schönen Dinge des Lebens verwirklichen, zum Beispiel der Traumurlaub auf Mauritius, der schicke Sportwagen und der edle Designertisch.

Ich habe über viele Jahre mit meiner PR-Tätigkeit für Kliniken und Praxen richtig viel Geld verdient. Mein Lebensstil passte sich dem finanziellen Erfolg an. Mit einer irrwitzig verschwenderischen Haltung habe ich einmal in einer Boutique innerhalb von fünfzehn Minuten 1.000 Euro ausgegeben. »Hey, ich kann es, ich habe die Kohle, ich bin erfolgreich«, lautete mein Signal an die Gesellschaft. Wie abhängig ich vom Geld bin, habe ich erst gespürt, als die Frage nach der Erfüllung immer stärker an mir nagte. Die Frage nach der Sinnhaftigkeit dieser – wie ich es heute sehe – Protzerei, begleitet von dem Bewusstsein, dass ein üppig gefülltes Konto die Zufriedenheit im Job nicht zu ersetzen vermag. Der Traum von der finanziellen Unabhängigkeit zerplatzt wie eine Seifenblase, wenn wir erkennen, dass die vielen Scheine uns daran hindern, unseren wahren Lebenstraum zu leben. Eine Trennung von Berufs- und Privatleben ist Illusion.

Der goldene Käfig

Geld riecht nach Erfolg, deshalb übt es eine so immens hohe Anziehung auf uns aus. Gleichzeitig sind wir getrieben von der Angst, den erworbenen Status wieder zu verlieren. Bei dem Maßstab, den wir an unser eigenes Leben setzen, orientieren wir uns an den anderen. Erinnern Sie sich noch an den TV-Spot aus den 1990ern, in dem sich zwei Männer treffen und einander Fotos zeigen? »Mein Haus, mein Auto, mein Boot!«, tönt der eine mit stolzgeschwellter Brust und breitem Grinsen. Das sind die Insignien von Macht und Erfolg. In dem großen Verlag, der einst mein Arbeitgeber war, gab es einen Verteilungskampf um die Firmenparkplätze. Wer aufgrund seiner Tätigkeit oder seiner guten Kontakte zur Personalabteilung einen der begehrten Plätze zugewiesen bekam, galt automatisch als wichtiger als die Kollegen, die leer ausgingen. Das war ein ungeschriebenes Gesetz.

Mithalten ist der Antriebsmotor, der Menschen in Arbeitswelten ausharren lässt, in denen weder Zufriedenheit noch Erfüllung zu finden sind. Das Mindestziel ist der Statuserhalt. Wir sitzen nicht nur im Hamsterrad, sondern auch im goldenen Käfig. Die ewige Jagd nach Geld und Erfolg raubt Energie und treibt Menschen in den Burn-out. Selbst dann ist es für einige Menschen keine Option auszusteigen. Sie tun alles, um den goldenen Käfig nicht verlassen zu müssen. Eine Sportkollegin erzählte mir von ihrem Bruder, der sich trotz seines Burn-out nach nur drei Monaten Auszeit wieder in seinen alten Job bei der Bank schleppte, obwohl er den ständigen Druck nicht mehr aushielt. Er sah keine andere Möglichkeit, seinen sozialen Status zu halten. Der Firmenwagen, die Betriebsrente, das Urlaubs- und Weihnachtsgeld hatten für ihn oberste Priorität – all dies stellte er über seine Gesundheit und sein Wohlbefinden am Arbeitsplatz. Für einen Neuanfang fehlte ihm der Mut, obwohl sein Körper ihm deutlich zu verstehen gab, dass er seine berufliche Situation ändern sollte. Das »innere Aufräumen« wolle ihr Bruder auf später verschieben, sagte meine Sportkollegin. Geld als Sackgasse. Ist die vermeintliche Sicherheit wichtiger als die Erfüllung unserer Träume?

Für viele ist sie das, und so bleibt alles beim Alten, auch wenn der Job keinen Spaß macht und zermürbend ist oder gar krank macht. Das feste Gehalt am Monatsanfang vermittelt Sicherheit und wird so zur Bremse. Der Wunsch nach beruflicher Neuorientierung wird immer wieder zurückgestellt: Wenn erst mal das Haus oder das Auto oder die Küche abbezahlt ist, wenn die Kinder aus dem Haus sind, wenn … Es gibt viele Gründe, eine Veränderung aufzuschieben, dabei steht das Geld an oberster Stelle. Den sicheren Job aufzugeben und sich selbstständig zu machen bedeutet Investitionen und unsicheres Einkommen. Auszusteigen und sich fern der Heimat der Selbstverwirklichung zu widmen ist finanziell ebenfalls riskant.

Doch wann ist der richtige Zeitpunkt, seine Träume zu leben? Das hängt eng damit zusammen, welche Macht wir dem Geld geben. Geld hat die Macht, uns in einem ungeliebten Job festzuhalten, wenn wir es zulassen.

Ich habe über eine lange Zeit regelmäßig Lotto gespielt. Wenn ich gewinne, schwor ich mir, dann verwirkliche ich mir endlich meinen Traum

*vom Leben auf dem Lande in einem völlig anderen Beruf. Ich mache nur
noch Dinge, die mich erfüllen und die mir Spaß machen. Intensiv habe ich
mir ausgemalt, welche Freiheit mir der Lottogewinn schenkt, wie der nette
Herr mit dem Geldkoffer an meiner Tür klingelt und mir fröhlich gratu-
liert. Die Fakten waren ernüchternd: Mein höchster Lottogewinn lag bei
17,50 Euro, mein Vorhaben wurde von einem Jahr in das nächste verschoben. Wie die guten Vorsätze am Jahresende. Ich nenne das Selbstsabotage. Dieses Warten auf den richtigen Zeitpunkt lähmt jeden Entschluss.*

Äußere und innere Sicherheit

Die Sehnsucht nach beruflicher Neuorientierung geht immer
mit der Sehnsucht einher, sich persönlich weiterzuentwickeln.
Als Kinder waren wir neugierig, haben in unserer Entwicklung
große Schritte gemacht, sind innerlich und äußerlich gewachsen.
Im Erwachsenenalter sind wir plötzlich fußlahm geworden. Vor
allem Geld hindert uns daran, unser inneres Wachstum voranzu-
treiben. Dabei geht es weniger um das Geld an sich, wie Wissenschaftler herausgefunden haben. Entscheidend für unser Unterbewusstsein sind die Möglichkeiten, die mit Geld verbunden
sind: Geld gibt uns Sicherheit und hilft uns, einen bestimmten
Status zu erlangen. Dabei vergessen wir oft, dass Geld auch für die
Möglichkeit steht, den eigenen Traum zu verwirklichen!

Schauen wir uns etwas näher die Sicherheit an, die Geld uns
gibt. Wie sicher ist diese Sicherheit? Wie sicher ist ein Job und
damit unsere Geldquelle in unserer schnelllebigen Zeit, in der
sich Anforderungen und Inhalte der verschiedenen Berufe rasant
ändern? Wer gestern noch in einem »sicheren Job« gearbeitet hat,

muss morgen damit rechnen, dass er nicht mehr gebraucht wird. Digitalisierung, Globalisierung, Wirtschaftskrise und politische Umbrüche verändern die Berufswelt massiv. Woher wollen wir wissen, welcher Job in der Zukunft gefragt sein wird? Selbst Zukunftsforscher mögen keine zuverlässigen Prognosen abgeben.

Sicherheit ist eine Illusion. Es gibt keine äußere Sicherheit, die konstante Stabilität verspricht. Vielmehr ist sie ein fragiles Gebilde.

Hingegen hat innere Sicherheit viel mit einem Urvertrauen in die eigenen Fähigkeiten zu tun, mit der wahren Berufung, und dies schenkt Stabilität, Orientierung und letztlich auch Kontrolle. Diese Aspekte gehören zu den Grundbedürfnissen des Menschen, und hier schließt sich der Kreis: Seiner Berufung zu folgen, das Gefühl von Stabilität, Orientierung und Kontrolle bedeutet inneren Reichtum. Finden wir dies in unserer Tätigkeit, dient diese wiederum unserer persönlichen Entwicklung. Der Wunsch nach beruflicher Neuorientierung ist der Wunsch, innerlich zu wachsen. Wenn wir innere Sicherheit empfinden, sie als ein warmes, weiches Kissen wahrnehmen, fühlen wir uns mit uns wohl, am richtigen Ort und erfüllt. Die vermeintliche äußere Sicherheit verliert dann an Bedeutung.

1.6 GLAUBENSSATZ-FALLE

Sie schwirren in unserem Kopf umher, ohne dass wir uns dessen bewusst sind: Glaubenssätze, die unseren Lebensweg maßgeblich beeinflussen, denn sie sind tief in uns verankert. Diese Überzeugungen sind dafür verantwortlich, wie wir uns und unser Umfeld wahrnehmen, wie wir Dinge bewerten und auf sie reagieren.

Glaubenssätze sind eng verknüpft mit den »inneren Antreibern« der Transaktionsanalyse. Diese psychologische Theorie über die Persönlichkeitsstruktur des Menschen wurde Mitte des 20. Jahrhunderts von dem Psychiater Eric Berne entwickelt. Die inneren Antreiber und Glaubenssätze entstehen in jungen Jahren, sie sind ausgesprochene und unausgesprochene Erwartungen und Anforderungen von Autoritätspersonen, wie Eltern und Lehrer, von Vorbildern, von Menschen, die uns wichtig sind.

Die fünf inneren Antreiber sind:

- »Sei perfekt!«
- »Mach es allen recht!«
- »Streng dich an!«
- »Sei stark!«
- »Beeile dich!«

Diese Sätze haben eine ungeheure Auswirkung auf unser Leben, weil sie als eine Art Filter wirken. Wir haben diese Erwartungen als Glaubenssätze verinnerlicht und sehen die Welt, wenn man es so bezeichnen mag, durch unsere individuelle Glaubenssatz-Brille.

Insbesondere negative Glaubenssätze wirken bremsend in vielerlei Hinsicht. Typische und weit verbreitete negative Glaubenssätze sind:

- »Von nichts kommt nichts.«
- »Das Leben ist kein Wunschkonzert.«
- »Ich bin das nicht wert.«
- »Ich bin nicht gut genug.«
- »Ich schaffe das nicht.«
- »Ich verdiene nichts anderes.«
- »Aus mir wird nie was werden.«

- »Das ist nichts für mich.«
- »Das ist nun mal so.«
- »Ich bin zu egoistisch.«

Es liegt auf der Hand, dass diese Glaubenssätze auch unser Berufsleben gestalten und eine große Rolle dabei spielen, wie wir unseren Job machen.

Über viele Jahre bin ich durch meinen Berufsalltag gehetzt, war immer schneller als alle anderen. Jede Mail habe ich innerhalb von wenigen Minuten beantwortet, jeden Auftrag in Überperfektion ausgeführt. Ohne Pause und ohne Ruhephasen für Körper und Kopf. Der Glaubenssatz, der mich durch den Tag peitschte, lautete: »*Nur wenn ich eine perfekte Leistung erbringe, werde ich geliebt.*« *Liebe im Sinne von Anerkennung und Lob für meine Leistung. Ich fühlte mich nur gut, wenn ich wie besessen arbeitete. Gut war nicht gut genug für mich, es musste perfekt sein. Aus heutiger Sicht und mit Abstand weiß ich, dass dieser negative Glaubenssatz wie ein Tunnelblick wirkte und mir jegliche innere Freiheit nahm. Er raubte mir vor allem den Raum für eine berufliche Veränderung. Eine Freundin, die meine Not erkannte, sagte zu mir folgenden Satz, der mir meinen Befreiungsschlag ermöglichte:* »*Glaube nicht alles, was du denkst.*«

Lesen Sie diesen Satz ruhig einige Male, und lassen Sie ihn auf sich wirken!

Glaubenssätze und ihre Macht

Sie sind mehr, als Sie denken. Sie sind mehr, als Ihre Glaubenssätze Sie glauben lassen wollen. Wenn Sie das begreifen, können Sie sich von den unsichtbaren Fußfesseln befreien, die so große

Macht über Ihr Handeln haben. Ihre negativen Glaubenssätze hindern Sie daran, Ihr Potenzial auszuschöpfen. Sich davon zu befreien ist nicht leicht, denn zum einen müssen Sie diese unbewussten Überzeugungen erst einmal erkennen, und dann müssen Sie Ihre vertrauten Pfade verlassen.

Oftmals nehmen wir Glaubensätze erst in Schlüsselsituationen bewusst wahr. Dann zeigen sie sich in ihrer ganzen Macht, die sie jahrelang auf uns ausüben konnten. So wie bei Ariane. Ariane war als selbstständige Optikerin mit eigenem Geschäft zwar erfolgreich, ihr Herzenswunsch war es jedoch, als Trauerrednerin zu arbeiten. Sie arbeitete mit Hochdruck an ihrer Vision, in einer entwidmeten Kirche ein Abschiedshaus zu eröffnen. Ein Aneurysma im Kopf stoppte jäh ihre Pläne. »Als ich im Krankenhaus aufwachte und viel Zeit zum Nachdenken hatte, begriff ich, dass ich ein von meiner Mutter übernommenes Muster gelebt hatte«, sagt Ariane. »Du bist es nicht wert« lautete der Glaubenssatz, mit dem sie unbewusst ihre Pläne sabotierte. Dieser einschränkende Glaubenssatz hatte Ariane ein Leben lang begleitet – und ihr persönliches Sabotageprogramm endete beinahe tragisch. Ihre Mutter hatte ihr die »Wertlosigkeit« des eigenen Lebens vorgelebt, und diese Haltung wurde zur tief sitzenden Überzeugung der Tochter.

Ein anderer negativer Glaubenssatz steht ganz oben auf der Liste der Überzeugungen, die uns daran hindern, unseren Traumjob zu ergreifen: »Schuster, bleib bei deinen Leisten« stammt aus der Ära unserer Eltern und Großeltern, die meist ihr ganzes Arbeitsleben bis zur Rente bei dem gleichen Arbeitgeber verbrachten. Die Botschaft dahinter ist ebenso simpel wie einengend, suggeriert sie doch, dass die Sehnsucht nach einem Berufswechsel »falsch« ist. »Schuster, bleib bei deinen Leisten« heißt nichts anderes, als dass man bei dem bleiben soll, was man schon tut, weil man in anderen Bereichen keine oder zu wenig Erfahrung hat.

Meine ehemalige Nachbarin meint das Gleiche, auch wenn sie es etwas anders ausdrückt, wenn sie seufzend berichtet, dass sie so spezialisiert ist, dass sie in ihrem Job bleiben müsse, obwohl die Routine-Tätigkeit sie anödet. Glauben Sie wirklich, dass Sie mit den Fähigkeiten und Kenntnissen, die Sie in Ihrem Job erworben haben, auf Ihrem Stuhl sitzen bleiben müssen? Dass Sie zum Beispiel als engagierter Hotelfachmann mit Ihren Soft Skills wie Kommunikationsfähigkeit, Organisationstalent, Belastbarkeit und Empathie nicht auch in einem anderen Job erfolgreich sein könnten? Oder dass Sie als technische Assistentin mit Ihrem Blick fürs Detail und der Gabe, sorgsam und geduldig zu arbeiten, nicht auch ganz andere Möglichkeiten hätten, als im Labor zu arbeiten?

Glaubenssätze transformieren

Die einschränkenden Botschaften sind so tief in uns verankert und zu unserer Realität geworden, dass wir uns ihrer häufig nicht bewusst sind. Wir müssen unsere Glaubenssätze daher zunächst entlarven, um sie dann mitsamt ihrer blockierenden Wirkung auf unser Leben aufzulösen. »Wir können unser Handwerkszeug nutzen, um die Glaubenssätze umzudeuten. Wo kommen sie her? Wir können sie in positive Botschaften packen. Dann kann Leben besser gehen«, sagt Sigrun John.

Übung: Negative Glaubenssätze transformieren

- In einem ersten Schritt scheiben Sie Ihre Gedanken, Handlungen, Reaktionen und Worte auf. Seien Sie dabei ehrlich zu sich. Es geht nicht um Bewertung, sondern zunächst nur darum zu sammeln. Sie können zum Beispiel jeden Abend aufschreiben, was Sie im Verlauf des Tages als Erfolg oder als Misserfolg erlebt haben und warum Sie die Geschehnisse so interpretieren.
- Nach ein paar Tagen werden Sie vermutlich ein Muster erkennen. Sie werden verurteilende Gedanken entdecken, aber auch positive Reaktionen. So identifizieren Sie Ihre Glaubenssätze, holen sie aus dem Dunkel des Unterbewusstseins ans Tageslicht.
- Schreiben Sie Ihre Glaubenssätze auf, insbesondere zu den Themen Arbeit, Geld und Erfolg.
- Werden Sie sich bewusst, von wem Sie die Glaubenssätze haben. Ist das tatsächlich Ihr Satz? Ist das Ihre Erfahrung? Und was bedeutet der Glaubenssatz für Sie? Welche Wirkung hat er auf Ihr Leben?
- Nun geht es daran, die negativen Glaubenssätze zu transformieren. Überlegen Sie sich zu jedem Satz eine positive Formulierung. Statt »Ich bin zu langsam in meinem Job« »Ich arbeite gut und sorgfältig«. Für »Ich bin nicht gut genug« könnte beispielsweise »Ich nutze alle meine Talente« der Gegenspieler sein.
- Prüfen Sie, welche der positiven Glaubenssätze für Ihren inneren Wandel und für Ihr Ziel förderlich sind. Gibt es einen Favoriten? Oder haben Sie mehrere positive Glaubenssätze?

- Schreiben Sie Ihren neuen Glaubenssatz oder Ihren Favoriten auf. Wie fühlt er sich an? An welchen Stellen könnten Sie ihn aktiv leben? Wie würde sich das anfühlen? So beschäftigen Sie sich intensiv mit Ihrem Ziel.
- Holen Sie sich den motivierenden Glaubenssatz immer wieder in Erinnerung. Zum Beispiel indem Sie ihn auf bunte Zettel schreiben, die Sie an Orten platzieren, an denen Sie sich häufig befinden, wie am Schreibtisch, auf dem Nachttisch etc.
- Die regelmäßige Wiederholung und Beschäftigung mit den positiven Botschaften sorgt für eine langsame und sichere Transformation. Aber Vorsicht: Bitte keinen Perfektionismus für die Glaubenssatz-Optimierung an den Tag legen.

Wichtig ist die Erkenntnis, dass es auch positive Glaubenssätze gibt, die uns beflügeln und Stärke geben. »Das Leben meint es gut mit mir« wäre so ein Satz mit Lebensschwung. Er macht glücklich und letztlich auch erfolgreicher. Er zieht uns nach vorn und ist ein wunderbarer Nährboden für eine berufliche Neuorientierung.

Ich kann das aus eigener Erfahrung bestätigen, denn in meiner durchaus schwierigen und von Ungeduld und Selbstzweifeln geprägten beruflichen Umbruchphase hat mir ein Satz die notwendige Zuversicht gegeben. Er lautet: »Alles Gute kommt zu mir.« Ich habe ihn in einer kleinen Affirmation jeden Morgen wiederholt und mich in das Gefühl dazu fallen lassen.

Probieren Sie einmal die Wirkung dieses beflügelnden Satzes aus. Er macht gute Laune!

KAPITEL 2

FÄHIGKEITEN UND STÄRKEN

Haben Sie erkannt, in welcher Falle Sie stecken?
Haben Sie ein paar Ihrer Glaubenssätze aufgespürt?
Um einen Neuanfang zu wagen, ist es wichtig zu wissen,
wo Sie stehen, was Sie können und was Sie wirklich wollen.
Wie Sie dies herausfinden, erfahren Sie in diesem Kapitel.

2.1 DIE INNERE STIMME

Ein berufliches Coming-out ist kein Zauberwerk. Warum fällt es uns dennoch schwer, unserem Plan B Leben einzuhauchen, in Schwung zu kommen, den Blick voller Zuversicht nach vorne gerichtet? Ich glaube, die meisten von uns kennen sich nicht gut genug. Sie wissen zu wenig über ihre ureigensten Bedürfnisse, Wünsche und Träume. Doch wie finden wir heraus, was wir uns wirklich wünschen? In unserer schnelllebigen Zeit ist das wahrlich eine Kunst. Eine Kunst, die sich jedoch erlernen lässt: indem Sie sich darin üben, Ihre innere Stimme wahrzunehmen und auf sie zu hören.

Ihre innere Stimme kennt Sie besser als jeder andere. Besser als die vielen Einflüsterer um Sie herum. Damit meine ich nicht nur Freunde, Arbeitskollegen, Bekannte und die Familie, die alle meinen zu wissen, was gut für uns ist, und mit Ratschlägen nicht geizen. Auch die Medien haben einen nicht zu unterschätzenden Einfluss. Täglich werden neue Trends und Themen gesetzt, die auf subtile Art an unser Ego appellieren. Das ist jetzt in, dies muss man machen, und jener Beruf verspricht viel Geld und noch mehr Erfolg.

Wenn die innere Stimme ignoriert wird

Der eine oder andere Ratschlag von außen mag als Impulsgeber auf unserem Weg durchaus hilfreich sein. Doch wenn wir uns immer nur nach den anderen richten und unsere innere Stimme übergehen, ist die Gefahr groß, dass wir falsche Entscheidungen treffen.

Nicht wenige Menschen verbringen ihre Tage mit einer Tätigkeit, die weder ihrem inneren Wunsch noch ihrem eigenen Impuls entspringt. Sie kennen sicher auch Menschen, die einer familiären Verpflichtung gefolgt sind und sich am Ende in einem Beruf finden, der nicht ihre eigene Wahl war und der sie nicht erfüllt. Für eine solche Entscheidung mag es gute Gründe geben, aber ob sie auch glücklich macht? Der Vater war Rechtsanwalt, also tritt der Sohn in die gleichen Fußstapfen. Die Mutter war im Schuldienst, also wird auch die Tochter Lehrerin. Der Tischlerbetrieb besteht bereits in der dritten Generation, deshalb muss der Enkel das Erbe weiterführen. Von außen aufoktroyierte Lebensentwürfe und Zwänge machen oft unglücklich, weil der eigene Herzenswunsch in den hintersten Winkel verbannt wird. Die innere Stimme wird ignoriert. Doch sie gibt keine Ruhe, sie zerrt an uns und will uns ermutigen, das zu tun, was uns wichtig ist.

Meine ehemalige Kollegin Vera bewarb sich auf eine freie Position in der Werbebranche, weil ihre beste Freundin ihr unablässig von »kreativer Freiheit« und »total cooler Stimmung in der Agentur« vorgeschwärmt hatte. Vera ließ sich überreden, obgleich ihre innere Stimme sie warnte, verbunden mit einem unangenehmen Bauchgrummeln. Vera ging darüber hinweg. Es kam, wie es kommen musste: Das enorme Arbeitspensum, das als selbstverständlich vorausgesetzt wurde, zehrte an Veras Nerven und leerte ihre Energiespeicher. Von »kreativer Freiheit« war wenig zu spüren, die von ihrer Freundin gepriesene »total coole Stimmung« kippte ins Gegenteil. Nach einem sehr harten Jahr verließ Vera die Werbeagentur auf eigenen Wunsch. »Hätte ich nur auf meine innere Stimme gehört. Ich habe von Anfang an gewusst, dass der Job nichts für mich ist«, erzählte sie mir geknickt. Nach einer Zeit der Innenschau folgte Vera endlich ihrer inneren Stimme und ihrem Herzen: Als Floristin zaubert sie nun in ihrem eigenen kleinen Laden wunderschöne Blumensträuße. Ungewöhnliche Kreationen, die ihre Handschrift tragen. Ihre Kunden sind entzückt, und dank Mundpropaganda entwickelt sich das Geschäft prächtig.

Sigrun John kennt aus ihrer Praxis viele solcher Lebensentwicklungen: »Es schmerzt uns, wenn wir unser Aufblühen verhindern. Und lässt uns in gewisser Weise nicht los. Jeder hat seine Aufgaben im Leben. Wir haben oft erst eine Ahnung, dass etwas besser für uns sein könnte. Auf die innere Stimme in uns dürfen wir hören und ihr vertrauen lernen.«

Unbewusster Erfahrungsspeicher

Woher weiß Ihre innere Stimme, was Sie wollen? Sie ist eng mit dem Bauchgefühl, mit der Intuition verbunden und greift auf Erfahrungen zurück, die Sie schon einmal gemacht haben und die im emotionalen – unbewussten – Bereich Ihres Gehirns abgespeichert sind. Daher wissen Sie intuitiv oft schon, was Sie wollen, auch wenn Sie sich dessen noch nicht bewusst sind. Mit Ihrer inneren Stimme verschafft sich Ihr Unterbewusstsein Gehör und teilt Ihnen Ihre Wünsche, Ideen, Emotionen und Bedürfnisse mit.

Ihrem Bauchgefühl sollten Sie unbedingt vertrauen – es dient als innerer Kompass, der Ihre Entscheidungsfindung in erheblichem Maße steuert. Wissenschaftler haben herausgefunden, dass intuitive Entscheidungen in vielen Fällen besser sind als die, über die wir lange gegrübelt haben. Eine Entscheidung, die auf dem

Bauchgefühl basiert, ist in den meisten Fällen richtig. Sich gegen das Bauchgefühl zu entscheiden bereitet später oft Kopfschmerzen.

Wir alle kennen das. Wir alle haben schon eine größere oder kleinere Entscheidung getroffen, bei der wir die mahnende innere Stimme ignoriert haben. Im Nachhinein wissen wir es dann besser.

Als ich Mitte dreißig war, bin ich gutgläubig dem Rat einer Freundin gefolgt, mir aus Gründen der Steuerersparnis eine sanierte Altbauwohnung in Berlin zu kaufen. Der Immobilienmakler sei ein guter Freund, und sie vertraue ihm. Beim Notartermin mit dem smarten Immobilienmakler hielt ich die Füllfeder mit zittriger Hand über dem Vertrag, und alles in mir schrie: »Nein, bist du verrückt geworden? Diese Anlage wird der Reinfall des Jahrhunderts!« Ich unterschrieb dennoch, weil die Stimme der Vernunft mich beruhigen konnte. »Komm schon, die Zahlen des Maklers sind top.« Und was geschah? Der Glanz des schicken Treppenhauses mit der zartgelben Außenfassade hatte mich derart geblendet, dass ich den Renovierungsbedarf in der Altbauwohnung übersehen hatte. Eine Handwerkerrechnung nach der anderen flatterte in meinen Briefkasten. Hätte ich doch nur auf meine innere Stimme gehört, die mich deutlich vor diesem Kauf gewarnt hatte!

Die innere Stimme gehört leider zu einem Chor von Stimmen, die in unterschiedlicher Lautstärke mit uns kommunizieren. Dabei dominiert meist die Stimme der Vernunft, die zusammen mit der Stimme der Angst am penetrantesten ist. Das sind die Stimmen, die uns warnen, uns zweifeln lassen, uns zurückhalten. »Was wird mit meiner Rente?« und »Vielleicht bekomme ich nie wieder einen Job« gehören zu ihrem Lieblingsrepertoire. Meine Heilpraktikerin Christina hat dazu wunderbar weise Worte, die mich tief berühren. Sie sagt: »Der Kampf, den viele gerade ausfechten, ist, das Ego und die Gedanken loszulassen. Dein Herz ist die leiseste Stimme, und darauf darfst du hören. Du erkennst den Verstand daran, dass er meistens gegen etwas oder im Zweifel ist und laut spricht. Dein Herz ist leise, aber einmal vernommen, fühlt es sich total stimmig an, und es gibt keinen Zweifel!«

Warum das so ist? Der Verstand steht für Logik, und es ist gut, dass wir ihn haben. Doch der Arbeitsspeicher des Unbewussten ist ihm um Längen überlegen. Das enorme Potenzial der unbewussten Lebenslernleistung haben Wissenschaftler sogar nachgewiesen. Die Kunst besteht also darin, beides zusammenzubringen: Betrachten Sie bei Entscheidungen die Argumente des Verstandes mit dem ganzheitlichen Blick der von Ihrem unbewussten Wissen gespeisten Intuition.

Innenschau und Ruhe

Auf unsere innere Stimme zu hören und ihr zu vertrauen heißt, die wahren und richtigen Lebensentscheidungen zu treffen. Das gilt natürlich im besonderen Maße für die Wahl unserer Berufung und unseres Traumjobs. In unserer hektischen und lauten Gesellschaft kann es jedoch schwer sein, den Blick nach innen zu richten. So viele Geräusche um uns herum lenken ab. Da mögen die Augen zwar geschlossen sein, aber die Ohren sind auf Empfangsmodus. Autos rauschen vorbei, es hupt, Kinder schreien, Hunde bellen, Handys klingeln, der Laubsauger dröhnt, und von der Baustelle dringt metallisches Hämmern herüber. Der Sound unserer Zivilisation ist überall vernehmbar, selbst im Wald herrscht keine absolute Ruhe. Und wenn tatsächlich einmal der

Genuss von absoluter Stille einkehrt, springt sofort unser Kopf-kino an.

Wie kann es uns in all dem Trubel gelingen, zur Ruhe zu kommen? Wie können wir unsere innere Stimme hören und unsere Intuition anzapfen?

Ziehen Sie sich aus dem Lärm des Alltags zurück. Ob das ein ruhiger Raum ist, ein einsamer Berggipfel oder ein anderer Ort, an dem Sie sich möglichst wenig gestört fühlen. Entspannen Sie sich und lassen Sie Ihre Gedanken zur Ruhe kommen. Dabei können Techniken wie Yoga, Mediation oder autogenes Training eine gute Hilfe sein. Oder Sie konzentrieren sich einfach auf Ihren Atem: Schließen Sie die Augen und gehen Sie mit Ihrer Aufmerksamkeit nach innen. Atmen Sie einige Male tief ein und aus. Richten Sie Ihre Aufmerksamkeit auf die Gegend Ihres Herzens und stellen Sie sich vor, dass Sie über diese Körperregion langsam ein- und ausatmen.

Sie werden spüren, dass Sie innerlich ruhiger werden. Nun hat Ihre innere Stimme den Raum, um Gehör zu finden. Stellen Sie Ihre Fragen, warten Sie in Ruhe darauf, was kommt. Was flüstert Ihnen Ihr innerer Kompass zu? Vertrauen Sie dieser medialen Superkraft, die nur Gutes für Sie möchte – Ihre Erfüllung und Ihr Wohlergehen.

Wenn Sie möchten, können Sie sich auch vorstellen, dass Ihre innere Stimme Ihnen gegenübersitzt und Sie mit ihr wie mit einem anderen Menschen sprechen können. Manchmal ist es leichter, sich eine konkrete Person vor Augen zu führen, deren Rat Sie schätzen, zum Beispiel Ihre beste Freundin oder Ihren Coach.

Die innere Stimme braucht diesen Raum, um in uns zu klingen. Wer sich mit seiner inneren Stimme auseinandersetzt und das Unterbewusste aktiviert, schreibt seine eigene Lebensge-schichte.

Den richtigen Augenblick abwarten

Sie wissen genau, was Sie wollen, und möchten sofort damit star-ten, Ihr Vorhaben umzusetzen? Wieso sollten Sie noch damit war-ten? Damit rückt Ihre berufliche Erfüllung doch nur noch weiter in die Ferne. Mein Rat lautet: Warten ist kein Hindernis auf dem Weg zur beruflichen Erfüllung. Wenn Ihre innere Stimme Ihnen sagt, Sie sollen mit dem Ausstieg aus dem Berufsalltag noch war-ten oder Ihr Herzens-Berufsprojekt noch etwas ruhen lassen, kann das nie falsch sein. Es gilt, sich gut zu beobachten. Was will die Seele wirklich? Eine Idee darf sich langsam entwickeln, in kleinen Schritten. Nichts kommt außerhalb seiner Zeit zustande, alles geschieht zu einem vorbestimmten Augenblick. Ich nenne das ein Vorwärtsfließen nach der Geschwindigkeit unserer inne-ren Stimme. »Das Richtige wird sich ergeben. Wir müssen nichts forcieren, sondern dürfen warten. Es braucht die innere Bereit-schaft und den richtigen Moment, dann gehen wir los«, sagt Sig-run John.

Was bedeutet dies nun für die Verwirklichung unseres Planes B, unabhängig davon, wohin er uns führen mag und welche indivi-duelle Skizze wir entworfen haben? Warten heißt erst einmal nicht Stillstand, vielmehr ist es ein Vertrauen auf das richtige Ti-ming. Die Tochter meiner Nachbarin wollte parallel zu ihrem Job als Altenpflegerin ein Café in ihrem Heimatort in der Eifel er-öffnen. Drei Monate Zeit hatte sie sich bis zur Begrüßung ihres ersten Gastes gegeben. Ihre Familie nannte diese Zeitvorgabe, freundlich formuliert, »sportlich«. Doch Susanne gab Vollgas, fand eine reichlich heruntergekommene Kneipe, in deren Sanierung sie jede freie Minute investierte. Bei der Planung aller Ausgaben und Einnahmen mit einer hohen Investition in neue Möbel und eine moderne Küche war sie nicht so konkret, sie wusste nur, dass sie rund 30.000 Euro investieren wollte. Eine schwere Lungenentzündung hinderte sie daran, ihr abenteuerliches Projekt zu vollenden. Aus heutiger Sicht betrachtet Susanne das als glückliche Fügung. »Das war wohl eine Nummer zu groß für mich. Eine höhere Macht hat mich auf den Pott gesetzt. Ich wollte unbedingt meinen Kopf durchsetzen und mein Ding superschnell machen. Ich habe zu wenig auf meine innere warnende Stimme geachtet«, lautet ihre Bilanz.

Niemand muss springen. Überstürztes Handeln nützt am wenigsten demjenigen, der diesen Antreiber – »Beeil dich!« – für sein vermeintliches berufliches Glück wählt. Dieser Plan geht nicht auf. Susanne nahm sich die Zeit für einen ehrlichen Dialog mit ihrer inneren Stimme und hörte dieses Mal genau auf ihre Intuition. Ein Jahr später hielt sie den Schlüssel zu ihrem Traumcafé im skandinavischen Stil in der Hand. Sie hatte auf eine Annonce in der Zeitung geantwortet. Spontan aus dem Bauch heraus. Die Besitzerin verkaufte aus Altersgründen ihren Lieblingsplatz, wie sie das schnuckelige Café nannte. Der Plan B von Susanne ging auf, weil der Zeitpunkt passte. Motto: Wenn du am Gras ziehst, wächst es auch nicht schneller.

2.2 GROSS DENKEN UND GROSS TRÄUMEN

Wer Tore öffnen will, darf nicht als Maus davorstehen. Zaghaftes Klopfen hat noch nie ein Tor geöffnet. Sie müssen schon kräftig dagegenpochen und sich Gehör verschaffen, damit Sie Einlass erhalten. Hinter dem Tor erwartet Sie eine neue, unbekannte Welt. Ich stelle mir eine prächtige Blumenwiese mit Apfelbäumen vor, eingefasst von einer alten Steinmauer. Eine einladende, herrliche Welt, die auf mich gewartet hat. Wie sieht es in Ihrer Fantasie hinter dem Tor aus? Welche Landschaft erwartet Sie, wenn Sie sich von einer Maus in einen starken Bären verwandelt haben und es Ihnen gelungen ist, das Portal aufzustoßen?

Wie aus der kleinen Maus ein kraftvolles Tier wird? Durch die Macht der Gedanken. Sie entfalten eine unglaubliche, vorantreibende Wirkung, wenn Sie sie für Ihre Träume nutzen. Und diese Träume dürfen groß sein! Nicht selten scheitert der Wunsch nach einem beruflichen Neustart an der Verzagtheit der Träume. Trauen Sie sich, nur das Beste und Größte für sich zu erträumen. Sie haben es verdient. Wenn Sie an sich selbst arbeiten, können Sie wachsen und Ihre Flügel weit ausbreiten. Die Macht der Gedanken mit großen, bunten Traumbildern steckt in Ihnen, sie muss nur erkannt und genutzt werden. Im Geist gibt es keine Grenzen, alles ist möglich. Sie haben das Recht, Ihre Wünsche und Bedürfnisse in kraftvolle Gedanken umzuwandeln.

Für mich bedeutet das, für sich selbst zu sorgen und Verantwortlichkeiten für andere abzuschütteln. Auch wenn Sie in familiären Verpflichtungen stecken, dürfen Sie sich selbst nicht vernachlässigen.

Sie bekommen alles, wenn Sie anfangen, es sich selbst zu geben. Sie übernehmen Verantwortung für Ihr Leben und dafür, dass es so läuft, wie Sie es brauchen. »Ich habe es in der Hand. Niemand anders entscheidet über mein Leben«, lautet der Appell von Sigrun John. Mit der Kraft der Gedanken lässt sich das Leben bewusst steuern. Sie haben ungeahnte Macht über Ihr Befinden. Wenn Ihre Gedanken beispielsweise unentwegt um Ihre Arbeit kreisen, kann das Stress auslösen.

Wie oft habe ich mich in den Nachtstunden unruhig in meinem Bett gewälzt, weil ich mir im Kopf ausmalte, wie ich meinem Chef endlich einmal deutlich die Meinung über seine respektlose Art der Mitarbeiterführung sagen könnte. Ich habe endlose Dialoge entworfen und mir alle möglichen Formulierungen überlegt, von denen ich nie auch nur eine angebracht habe. Ich war eine Gefangene dieser Endlos-Schleifen. Es waren unnütze Gedankenspiele, mit denen ich mir selbst Druck machte und meinen Stresspegel nach oben trieb. Gut ging es mir damit nie. Die Auswirkung meiner Gedanken auf mein gesundheitliches Wohlbefinden war mir damals noch nicht bewusst.

Körper, Geist und Seele stehen in Wechselwirkung miteinander. Unsere Gedanken beeinflussen unsere Stimmung und haben Einfluss auf den Körper. »Wir sind, was wir denken. Alles, was wir sind, entsteht aus unseren Gedanken. Mit unseren Gedanken formen wir die Welt«, sagt Buddha. Negative Gedanken schwächen Ihr Selbstbild, damit auch Ihre Körperhaltung und Ihre Ausstrahlung. Sie fühlen sich schlecht, laufen mit hängenden Schultern durch die Gegend, und Ihr Gesichtsausdruck wirkt abweisend. Positive Gedanken äußern sich hingegen in einer aufrechten, selbstbewussten Haltung, einem offenen Blick – Sie werden auch positiv von Ihrer Umwelt wahrgenommen.

Mit Ihren Gedanken kreieren Sie Ihr Selbstbild, mit dem Sie durch die Welt laufen, und halten es für Ihre wahre Natur. Da kommt wieder die kleine Maus entlangspaziert: Wenn Sie sich für eine Maus halten, die verzagt vor dem großen Portal steht, wird Ihr Leben so bleiben wie bisher. Ein Richtungswechsel ist ausgeschlossen. Wenn Sie sich jedoch dafür entscheiden, stark zu sein und sich für Ihre berufliche Veränderung einzusetzen, werden sich Ihnen Türen öffnen. Mit der Kraft Ihrer Gedanken gelangen Sie in die bislang unbekannte Welt hinter dem Tor. Ist das nicht eine verlockende Aussicht?

Türen öffnen sich durch die Kraft der Gedanken, und Sie entscheiden, was Sie denken. Wie Sie das auf Ihren Plan B übertragen, erfahren Sie im folgenden Abschnitt.

Britta Gerdes-Petersen

Von der Angestellten zur Geschäftsführerin von Lebensfreude Messen

Veränderungen sind ein Prozess. Es gibt nicht das Jetzt, und dann wird alles anders! So habe ich das in meinem Leben erfahren.

1988 bin ich der Liebe wegen von Ost- nach Westberlin umgezogen. Mein Mann war nach einem gemeinsamen Motorradunfall behindert, und ich wollte mich um ihn kümmern. So wie ich immer gern für alle anderen da war.

Ich war sechsundzwanzig Jahre alt und hatte das letzte Jahr meines BWL-Studiums vor mir. Da gab's einen Ruck in meinem Leben: Mein Befund bei den Vorsorgeuntersuchungen war schon lange auffällig. Und plötzlich stand mit der Diagnose Unterleibskrebs der Tod an meiner Seite.

Britta Gerdes-Petersen

Zu diesem Zeitpunkt hatte ich mich schon mit Spiritualität beschäftigt und nach alternativen Heilverfahren gesucht. Die OP habe ich dann dennoch gemacht. Der Uterus musste raus, mein Kinderwunsch war damit vorbei. Während dieser OP hatte ich eine Nahtoderfahrung. Das war wunderschön. Freiheit pur und Leichtigkeit.

Da lag ich nun im Krankenhaus und musste eine Entscheidung treffen. Sterben oder bleiben. Stück für Stück habe ich angefangen, mich um mich selbst zu kümmern und über Kurse und Seminare meinen spirituellen Weg zu gehen.

Mein erster Job nach dem Studium war beim Landesverband der Innungskrankenkassen in Berlin. Dort habe ich die Pflegesatzverhandlungen geführt. Ich war höchst motiviert, wollte was verändern und mehr Frauen in Führung bringen. Ich habe aber festgestellt, dass Änderungen unglaublich schwierig sind und meine Idee, in die Politik zu gehen und etwas zu verändern, viel anstrengender umzusetzen war als vermutet. Ich habe immer gedacht, Politiker sind für die Menschen da. Nein, viele kleben nur an der Macht und wollen ihren Stuhl behalten. Ich war tief enttäuscht. Diese Erfahrung hat wieder einen Umbruch ausgelöst.

Von meinem Mann habe ich mich getrennt, mich neu verliebt. Den Job in Berlin habe ich gekündigt und bin nach Travemünde gezogen. Ich wusste zu dem Zeitpunkt noch nicht, was ich wollte – nur, was ich nicht mehr wollte. Ich habe aber gedacht: Du hast in jungen Jahren einen Systemwechsel geschafft, dann bekommst du das auch hin! Das war 1996. Ein Jahr lang war ich arbeitslos.

Klar war mir, ich wollte was für Menschen machen. Meine Familie hat das nicht verstanden, dass ich einen so sicheren und guten Job aufgebe. Existenzängste hatte ich, und wie! Die kannte ich vorher nicht. Das ist wirklich nicht schön. Ich hatte immer gut verdient. Aber nun bekam ich nur noch ein Jahr Geld von der Arbeitsagentur. Und was kommt dann?

Es war dennoch eine gute Idee umzuziehen und an die Ostsee zu gehen. Daran habe ich nie gezweifelt. Yoga, Meditation und gute Freunde haben mir in dieser Zeit sehr geholfen und meinen neuen Weg unterstützt.

Irgendwann habe ich die Aura-Soma-Therapie kennengelernt und mir diese Farbfläschchen zugelegt und eine Ayurveda-Ausbildung gemacht. Damit habe ich mich selbstständig gemacht – und war 1997 auf der Lebensfreude Messe Lübeck als Ausstellerin. Dort hörte ich, dass die Veranstalter die Messen nicht mehr organisieren wollen und einen Nachfolger suchen.

Ich habe mich einfach getraut und die Messen übernommen. Hatte ja BWL studiert und fand es schade, wenn es dieses wichtige Informationsforum nicht mehr gegeben würde. So habe ich 1998 die erste Messe in Lübeck veranstaltet, und dann kamen die Hamburger Veranstalter der Lebensfreude Messe auf mich zu und fragten, ob ich sie bei der Organisation unterstütze. Was ich erst mal für ein Jahr als freie Mitarbeiterin gemacht habe. So bin ich da reingerutscht. 1999 habe ich die Lebensfreude Messen Hamburg komplett übernommen und im Laufe der Jahre die Standorte erweitert. Kiel, München, Frankfurt, das Lebensfreude Festival in Travemünde und jetzt neu in Freiburg. Der alternative Gesundheitsmarkt boomt. Die Menschen wollen Informationen und Erfahrungen. Mittlerweile habe ich mehrere feste und freie Mitarbeiter. Ein tolles Team, das mich unterstützt.

Früher waren die Lebensfreude Messen eine Nische. Etwas für Insider. Nur wenige kannten Yoga oder den Yogi-Tee. Für viele war Esoterik Spinnerei. Und ich gestehe: In meiner Studienzeit war ich auch eine von denen, die das belächelt haben.

Wir haben mit den Messen dazu beigetragen, dass die Bereiche Yoga, Naturheilkunde und vegetarische Lebensweise Mainstream sind und viele Menschen Hilfe für ein gutes Leben bei uns finden. Das macht mich sehr glücklich.

Was man braucht, um seinen Traum zu verwirklichen? Eine Vision und Freude am Leben, Vertrauen und gute Freunde, die einen stärken. Du brauchst Leute, die dir sagen: Du schaffst das! Wir leben in einem Land, in dem dir wirklich nichts passieren kann. Du kriegst in Deutschland immer deine Grundsicherung. Wir sind abgesichert. Das Universum sorgt für alles. Das habe ich erfahren.

Mein Ziel ist es, jeden Morgen aufzuwachen und vor lauter Freude auf den Tag aus dem Bett zu springen. Ich habe es wunderschön. Hier an der Ostsee zu leben ist ein Geschenk. Ich bin gesund, fit und habe einen tollen Job. Alles andere kommt für mich nicht in Frage. Das ist mein Baby hier, ich habe es groß gemacht. Es hat sich fantastisch entwickelt. Ich habe Erfolg, und es macht mir Spaß. Aber ich muss immer aufpassen, dass ich nicht zu viel arbeite. Deshalb nehme ich regelmäßig Auszeiten. Jeden Tag meditiere ich und sorge gut für mich.

Ich bin für mein Leben und mein Glück verantwortlich, und wenn ich merke, dass Veränderung dran ist, schreibe ich auf, was ich mir wünsche, und dann los. So geht das.

Den Traum visualisieren

Die Wright Brüder experimentierten 1896 mit Gleitflugzeugen und hatten das große Ziel, ein Motorflugzeug zu bauen. Die ersten Flugversuche auf einer Kuhwiese wurden von Schulkindern beobachtet, die über den »komischen Drachen« lachten. Der Doppeldecker der begeisterten Tüftler schwebte zwar 100 Meter über den Boden, ließ sich aber nicht steuern. Gegen alle Widerstände und obwohl es seinerzeit noch nicht einmal Flugzeugpropeller gab, geschweige denn passende Motoren, forschten die Brüder fieberhaft weiter. Sie waren von ihrem Erfolg fest überzeugt und sahen sich in ihren kühnen Träumen mit ihrem Motorflugzeug abheben. Am 17. Dezember 1903 schafften sie das bis dahin Undenkbare und absolvierten den ersten kontrollierten Motorflug der Geschichte. Die Pioniere der Lüfte hatten ihren Gedanken im wahrsten Sinn des Wortes Flügel verliehen und unerschütterlich an ihrem Traum festgehalten.

Auch Sie können die Kraft Ihrer Gedanken nutzen, um »zu fliegen«, um Ihren Traum zu verwirklichen. Das funktioniert mit dem Prinzip »So tun, als ob«. Dies ist eine befreiende Technik, die uns hilft, in großen Dimensionen zu denken. Sie ist so einfach wie wirkungsvoll: Sie tun so, als ob Sie bereits in Ihren Wunsch-Tätigkeitsfeldern arbeiten würden und Ihre Hinderungsgründe für den Wechsel gelöst wären.

Schließen Sie die Augen und stellen Sie sich vor, Sie sind bereits aus Ihrem Job ausgestiegen. Nehmen Sie sich in Gedanken den Druck, den Ihnen die Vorstellung des Ausstiegs macht. Zu denken »als ob« wirkt als Katalysator für unser Handeln. Zu handeln, »als ob« ist die Grundlage für die gewünschte Realität.

Wenn ich bei meinen damals noch vagen Plänen für einen Wechsel in einen sinnhafteren Job eine Denkblockade hatte, der Satz »Das packst du ohnehin nicht« mich mausklein werden ließ, hat mir das Prinzip des »So tun, als ob« stets geholfen. Es ist nach wie vor meine Krücke, denn diese Vorstellungsgabe baut Brücken über Gräben, die uns unüberwindbar scheinen.

Dieses »So tun, als ob« erfährt eine intensive Kraft durch die Visualisierung. Mit bewusst gesteuerten Bildern im Kopf drehen Sie Ihren eigenen Lebensfilm und öffnen sich den positiven Möglichkeiten, die das Leben für Sie bereithält. Einengende Gegebenheiten werden aufgelöst, Sie springen mit der Gedankenkraft in die Zukunft und machen sie zur Gegenwart. Hört sich das kompliziert an? Hier eine kleine Anleitung für die Visualisierung Ihres Berufswunsches.

Übung: Einen Wunsch visualisieren

- Setzen Sie sich bequem hin, schließen Sie die Augen, atmen Sie dreimal tief ein und sehr tief aus, bis eine Entspannung einsetzt.
- Stellen Sie sich nun vor, wie Sie in Ihrem Traumberuf oder Ihrem Aussteiger-Mekka sind. Die Vision sollte realisierbar sein. Kreieren Sie in Ihrem Kopf alle Details. Wie sieht die Umgebung aus? Farben, Gerüche, Menschen, Geräusche. Nehmen Sie aus dem großen Farbtopf nur die schönsten Farben und schwelgen Sie in positiven Gedanken. Wie fühlt es sich an? Spüren Sie die innere Freude, die Erfüllung, das Glücksgefühl, dort zu sein, wo Sie gern hingehen möchten. Wer ein Café eröffnen möchte, stellt sich vor, wie

es eingerichtet ist, wie begeisterte Gäste an den Tischen sitzen und den selbstgebackenen Kuchen loben. Wer davon träumt, Yogalehrer zu werden, versetzt sich in eine Gedankenwelt, in der gerade die dreißigste Anmeldung für den neuen Yoga-Kurs eingegangen ist. Wer Tauchlehrer in Ägypten werden möchte, sieht sich mit einer Gruppe Tauchern vom Boot ins Wasser springen und durch die bunte Unterwasserwelt schweben.

- Nun ersetzen Sie die jetzt noch vorhandenen Zweifel und Ängste bewusst durch diese mit den positiven Gedanken verbundene Stimmung. Kommen Sie raus aus diesem Gefühlssumpf, in dem Sie stecken. Wenn dieser wieder an Ihren Füßen zieht, brauchen Sie nur in die visualisierte Gedankenwelt Ihres Kopfes einzutauchen, um diese unendliche Kraft dagegenhalten zu können. Im Geiste sind Sie angekommen.
- Nehmen Sie ein Blatt Papier und schreiben Sie Ihre Vision mit allen Details nieder. Sie können sie auch aufmalen, eine Collage erstellen, was auch immer Sie wollen.

Es funktioniert, das weiß ich aus eigener Erfahrung. Wenn Sie skeptisch sind, fangen Sie mit einer einfachen Übung an, und zwar bei der Parkplatzsuche. Das funktioniert so: Wenn ich mit dem Auto unterwegs bin und in wenigen Minuten einen Parkplatz brauche, stelle ich mir den Parkplatz vor. Ich visualisiere die Straße, in der er auf mich wartet, den freien Raum. Ich denke ganz fest daran und danke schon einmal vorab dem Universum für meinen Parkplatz. Was soll ich sagen – ich parke immer lächelnd ein und bin dankbar, dass mir dieser kleine »Trick« gelingt.

Meine Heilpraktikerin Christina ist eine Meisterin im Visualisieren. Alles, was sie sich im Leben wünscht, visualisiert sie in prächtigen Kopfbildern für maximal 30 Sekunden. Länger, so sagt sie, kann sich der Geist nicht konzentrieren. Sie dreht als Regisseurin ihren persönlichen Lebensfilm und geht so konkret, wie es ihr möglich ist, in jedes Detail. Mit der Macht der Gedanken hat sie ihr Wunschhaus gefunden und nach ihrer Tanzkarriere einen erfolgreichen Neustart als Heilpraktikerin geschafft. Viele dankbare Klienten, so wie ich, profitieren von ihrem umfangreichen Wissen. Sie hat einen direkten Draht zum Universum, den jeder mit der Kraft seiner Gedanken herstellen kann. Hokuspokus? Ich habe mich entschieden, daran zu glauben, weil Glaube weder schmerzt noch andere Nebenwirkungen hat. Der Glaube an die Kraft der Gedanken, an die Wirkung der Visualisierung und die Macht des Universums haben mir in schwierigen beruflichen Situationen geholfen. Meine Erkenntnis: Wer für sich mehr erwartet, bekommt mehr. Mentales Training schafft Weite im Geist.

Sie haben die Wahl, ob und wann Sie diese Kräfte in Ihr Leben integrieren möchten. Groß denken aktiviert das Universum, weil wir danach streben, unsere Wünsche in die Wirklichkeit zu transportieren. Wir dürfen nach den Sternen greifen und an unserem erfolgreichen Business arbeiten. Das sind wir uns wert.

Ziele machen Mut

Groß denken ist das Geheimnis erfolgreicher Unternehmer. Sie alle haben sich Ziele gesetzt, die sie in kleinen oder großen Etappen erreichen konnten. Manchmal ist es gut, die Messlatte höher

zu hängen und mit einer großzügigen Haltung den Gedanken-
raum auszufüllen. Was spricht dagegen, von einem alten Gutshaus
zu träumen, das sich ideal als Ort für eine Gemeinschaftspraxis
eignet?

Ein konkreter Plan motiviert und spornt an. Mit realistischen
Schritten zu unserem Ziel wagen wir uns raus aus unserer Komfortzone und begeben uns auf neues Terrain. Das Ziel beflügelt
unsere Gedanken, wirkt als treibende Kraft und macht Mut. Der
größte Widersacher bei der Verwirklichung unserer Träume von
einem neuen Job ist doch meist die Angst. Angst vor Mangel lässt
uns erstarren. Ich frage Sie: Kann die Angst, im Job so weiterzu-
machen und vielleicht noch unglücklicher zu werden, als Moti-
vationsschub von Nutzen sein? Eine lohnenswerte Betrachtungsweise. Wir stehen doch bereits Auge in Auge mit der Angst. Doch
wir halten an unserem vertrauten System fest und sind der felsen-
festen Überzeugung, dass dieser angstvolle Zustand besser ist als
die noch unbekannte Komponente in unserem Leben. Stellen Sie
sich vor, Ihr altes Auto hat Ihnen gute Dienste erwiesen, aber nun
klappert es und rostet, Sie müssen befürchten, dass Sie unterwegs
damit liegenbleiben. Aber Sie kennen es in- und auswendig, es ist
Ihnen vertraut. Was spricht dagegen, ein neues Auto zu kaufen?
Die Investition ist erst einmal hoch, Sie müssen sich umgewöh-
nen. Aber das neue Auto fährt vermutlich besser und verbraucht
weniger Kraftstoff. Auf lange Sicht sparen Sie teure Reparaturen,
Geld für Benzin und sind komfortabler und mit mehr Freude
unterwegs. Das klingt reizvoll, oder?

Ziele holen das Beste aus uns raus und wirken wie eine
Mut-Tankstelle. Mut bekommen wir eben nicht, indem wir uns
in das stille Kämmerlein setzen und darüber nachdenken. Mut

entwickelt sich mit dem ersten Schritt zu unserem Ziel. Mit jedem weiteren Schritt werden wir mutiger und können die Angst,
die bewegungsunfähig macht, überwinden. Dann rückt die Erfüllung des Traums vom eigenen Café, der Surf-Schule oder dem
Auslandseinsatz für eine karitative Einrichtung immer näher.

Groß-Denker erreichen mehr im Leben, haben Wissenschaftler
herausgefunden. Je mehr ich von mir erwarte, desto wunderschö-
ner und glanzvoller ist das Geschenk. Der Glaube versetzt Berge.
Die Befreiung aus den selbst gesteckten Grenzen macht das Un-
mögliche möglich, weil wir es mit der Kraft unseres Geistes wollen.

Der Weg zum Ziel ist nicht immer glatt und geradlinig. Steinige
Abschnitte, Kurven, unerwartete Abzweigungen gehören dazu –
sollen Sie aber nicht daran hindern weiterzugehen. Scheinbare
Umwege können am Ende das entscheidende Stück des Weges
sein. Diese Erfahrung durfte meine Freundin Stefanie machen, die
von der Leitung einer Senioren-WG an der Ostsee träumte. In
ihrem Kopf sah sie das Projekt wie ein selbst gemaltes Bild vor
sich: die Blumenpracht im gemeinsam angelegten Garten, fröhli-
che Theaterausflüge mit den Senioren, das bunte Sommerfest an
langen weißgedeckten Tischen. Die schwindelerregend hohen
Immobilienpreise an der beliebten Küste ließen sie verzagen. Ein
Haus zu kaufen konnte sich Stefanie nicht leisten. »Mein Traum,
mit Senioren zu arbeiten, war dennoch weiter da. Ich hatte dieses
feste Ziel und wollte mich nicht einschüchtern lassen, nur weil
meine erste Idee nicht zu realisieren war«, sagt Stefanie. Dank
Gedankenpower blieb sie beharrlich am Ball und machte eine
Ausbildung zur zertifizierten Senioren-Assistentin. Das ist eine
moderne Gesellschafterin, die ältere Menschen im Alltag als Ge-

sprächspartnerin und Ratgeberin in einer Person begleitet. Stefanie gelangte zur Erkenntnis, dass sie kein Haus benötigt, um mit Senioren arbeiten zu können und ihnen Lebensqualität zu schenken. »Das Haus wäre eine Last gewesen. Ich habe mir selbst bewiesen, dass ich meinen Traum leben kann, weil ich trotz anfänglicher Widerstände an meinem Ziel eisern festgehalten habe.«

Groß denken und groß träumen kostet nichts. Es ist lediglich eine Entscheidung, unser Vorhaben beherzt und mutig anzugehen. Wir dürfen gut für uns sorgen.

2.3 WAS GLÜCKLICH MACHT

Seit Jahrtausenden beschäftigen sich die Menschen mit dem Thema Glück. Philosophen und Wissenschaftler befassen sich mit der Frage, wie Glück zu definieren ist, was glücklich macht und wie es gelingt, glücklich zu werden. Wir alle wollen glücklich sein, was auch immer der Einzelne darunter versteht. Das mag der Grund dafür sein, dass es weltweit einen Berg an Glücksbüchern gibt. Viele Autoren versuchen sich daran, das Geheimnis des Glücks zu ergründen und für jeden Menschen erfahrbar zu machen. Es gibt Bücher, mit denen das Glück bestellt werden kann, Bücher, die beschreiben, welche Regeln dem Gefühl zugrunde liegen, Bücher mit allen möglichen Konzepten und Methoden, wie man glücklich wird.

Bei allen Glücksformeln ist zu berücksichtigen, dass Glück individuell ist – Glück ist eine Frage der Betrachtungsweise. Der eine wird beim Anblick einer Sonnenblume auf dem Feld von Glück erfüllt, der andere ist glücklich, wenn die ganze Familie an der Geburtstagstafel Platz nimmt. Mein Sportkollege Peter ist auf dem Laufband glücklich. Eine halbe Stunde bei hoher Geschwindigkeit, und der Mann strahlt so hell wie die Neonröhren im Fitnessstudio.

Doch hier geht es nicht um Glückshormone, die beim Sport ausgeschüttet werden. Wir möchten wissen, was uns im Job glücklich macht.

Da ist zum einen der materielle Aspekt, der das menschliche Wohlbefinden beeinflusst. Das regelmäßige Gehalt befriedigt unser Bedürfnis nach Sicherheit, wir können unsere monatlichen Kosten bestreiten. Geld macht glücklich, ist jedoch kein Garant für Jubelstimmung am Arbeitsplatz. Wer mehr verdient, ist zwar mit der Arbeit zufriedener als ein schlecht bezahlter Angestellter, doch ein dickes Gehalt allein füllt das Glückskonto nicht.

Die Umfrage des renommierten Gallup-Instituts im Jahr 2017, in der Menschen weltweit nach ihrer Zufriedenheit am Arbeitsplatz gefragt wurden, wurde von der Londoner School of Economics ausgewertet. Die Befragten gaben an, dass berufliche Perspektiven glücklich machen. Glücksfördernd sind demnach Weiterbildung und Aufstiegschancen am Arbeitsplatz. Unsichere Arbeitsverhältnisse, miese Stimmung im Job und Stress sind weit davon entfernt, auch nur den Hauch eines Glücksgefühls entstehen zu lassen. Das versteht sich von selbst. Interessant an der Studie ist dieses Ergebnis: In Europa, Nordamerika, Australien, Neuseeland und Ostasien sind die Menschen glücklicher, wenn sie ihr eigener Chef sind. Deutschland landet hierbei nur auf Platz 16.

Für mich gilt meine Selbstständigkeit als Synonym für Glück. Ich bin frei, unabhängig, kann mir meine Arbeitszeiten selbst einteilen und muss als meine eigene Chefin lediglich meine eigenen Launen ertragen. Das ist im Vergleich zu meinem Angestelltendasein in einigen Redaktionen ein Glücksgewinn, den keine Goldmünze aus Dagobert Ducks Geldspeicher aufwiegen kann.

Glück ist mit Geld nicht aufzuwiegen, und Glück kann man nicht kaufen. Das ist eine Erkenntnis, die wir nach jedem Frustkauf und nach jeder ausgedehnten Shoppingtour haben. »Ich hatte einen anstrengenden Tag, mein Chef hat mich vor versammelter Mannschaft angeschrien, und das neue Projekt ist geplatzt. Ich musste mich trösten. Jetzt steht ein neues Paar Schuhe in meinem Schrank«, seufzt meine ehemalige Arbeitskollegin am Telefon. Der halbe Inhalt ihres Kleiderschrankes ist das Resultat ihrer Shopping-Manie. Black Friday ist ihr Glückstag. Im Job arbeitet sie seit Jahren im Turbomodus und leidet unter fehlender Anerkennung. »Ein Lob von meinem Chef ist so selten wie eine Mondlandung. Sobald sich etwas Besseres ergibt, bin ich weg.« Sie sehnt sich nach Zufriedenheit und Erfüllung am Arbeitsplatz und danach, etwas Sinnvolles zu tun.

Eine Sehnsucht, die wir alle kennen. Sinnhaftigkeit und ein Beruf auf Grundlage von Berufung machen glücklich, sagt die Forschung. Doch was ist, wenn uns das Glück im Job vor die Füße fällt und wie ein roter Teppich vor uns liegt – wir es jedoch nicht erkennen? Es ist eine Frage der Betrachtungsweise, unserer Haltung, ob wir die Glücksfaktoren im Job als positive Kraft wahrnehmen. Notorischen Nörglern und permanent unzufriedenen Zeitgenossen könnte das Glück auf einem goldenen Tablett serviert werden, sie würden mit heruntergezogenen Mundwinkeln und düsterer Miene daran vorbeigehen.

Glück ist immer positiv, auf Negativität gepolte Köpfe können stimmungserhellende Momente nicht erkennen.

Eine Frage der Haltung

Glück kann man nicht suchen, man wird von ihm gefunden. Das heißt, wir sollten mit offenen Augen und offenem Herzen durch die Welt gehen und auch Unbekanntes willkommen heißen. Die Frage des Glücks ist eine Frage der Haltung und der Wahrnehmungsfähigkeit. Wie blicken Sie auf die Dinge? Ist für Sie das Glas halb voll, oder ist es halb leer?

Ich selbst, das gestehe ich freimütig ein, gehörte zur letzteren Kategorie. Dazu stehe ich. In meiner schwierigen Jobphase, geprägt durch Dauer-Frust im Hamsterrad-Modus, schlurfte ich mit gesenktem Kopf durchs Leben. Meine Akkus waren leer, mein Blick schweifte achtlos umher. »Bei dir ist immer alles grau, egal, welche Farbe du siehst«, kritisierte mich meine beste Freundin. Sie brachte es auf den Punkt. Ich war damals außerstande, das Glück in mein Herz zu lassen und mich an den kleinen Dingen im Leben zu erfreuen.

Wie soll ein Mensch sein Glückskonto füllen, wenn er sich auf den Mangel konzentriert und die Fülle missachtet? Glück ist eine Frage der Einstellung, und Sie können Ihre Einstellung ändern. So wie Sie gelernt haben, mit dem Fahrrad zu fahren, sich die Schuhe zu binden und die Haare zu kämmen, können Sie Ihre Antennen auf das Glück ausrichten. Das bedeutet nichts anderes, als die vielen schönen Momente eines Tages in Ihr Bewusstsein dringen zu lassen. Glück ist ein Moment, der Sie zum Lächeln bringt, Sie tief berührt. Dieser Augenblick kann aus ein paar Sekunden bestehen oder aus Minuten – eine Glückswelle, die Körper, Geist und Seele schwungvoll nach oben zieht.

Vielleicht haben Sie diesen Zustand erlebt, als Sie neu in Ihrem Job waren. Der erste Tag, die ersten Wochen, vielleicht auch noch die ersten Monate waren Sie glücklich mit dem, was Sie taten. Sie hatten hochgesteckte Ziele, Sie wollten in Ihrem Job erfolgreich, glücklich und zufrieden sein. Es gibt einige wenige Menschen in meinem Freundes- und Bekanntenkreis, die nach Jahren immer noch jeden Tag voller Vorfreude beschwingt den Weg zur Arbeit antreten. Obgleich der Chef einen problematischen Charakter hat, die Stimmung unter den Kollegen unterkühlt ist und die tägliche To-do-Liste wächst statt schrumpft. Ich beneide sie darum.

Solche Menschen zeigen uns, dass Glück eine Einstellungssache ist. Sigrun John war eine erfolgreiche Führungskraft bei einem internationalen Konzern, als sie ausstieg, weil ihr Erfüllung und Sinnhaftigkeit fehlten. Es gab eine Ahnung in ihr, dass Leben auch ganz anders und deutlich besser gehen könnte. Nach dem Ausstieg folgte eine Phase der intensiven inneren und äußeren Neuorientierung. Dabei zog sie Bilanz und betrachtete ihr bisheriges Arbeitsleben und ihre innere Haltung. »Mit Beginn meiner Arbeit als Coach hatte ich plötzlich *den* Schlüsselmoment. Ich habe gemerkt, es ist nicht entscheidend, *was* ich mache, sondern *wie* ich es mache. Sind mir die Dinge etwas wert, schätze ich sie oder nicht?«

Mit Wertschätzung Regenbögen erschaffen

Fortune ist die Kunst, den Dingen um sich herum einen Wert zu geben, sie zu erkennen, anzuerkennen. Es ist eine Frage der Einstellung, ob Sie alles in Grautönen sehen oder sich für prachtvolle Farben entscheiden. »Seien Sie offen. Heute ist Schönheit um uns und in uns.« Das steht in meinem kleinen Heilungsbuch, das

ich seit vielen Jahren mit mir herumtrage. Wenn ich diese Er-
munterung lese, atme ich jedes Mal tief durch, halte kurz inne
und spüre so etwas wie ein Glücksgefühl. Dieser Satz erheitert
mein Gemüt.

Mit dieser Einstellung lässt sich das Leben positiver betrachten.
Freuen Sie sich über ein fröhliches Telefonat mit einem Kunden
oder das gute Gefühl, wenn Sie einen Arbeitsvorgang beendet
haben. Das bedeutet nicht, dass Sie einen Job, in dem Sie unglücklich sind, auf Biegen und Brechen aushalten müssen. Es geht
auch nicht um Schönfärberei und ein »Wegschauen«, wenn alle
Signale von Körper, Geist und Seele auf Rot stehen. Vielmehr ist
die positive Haltung gegenüber den Dingen eine gesunde Einstellung, die Sie sich für Ihren Plan B aneignen können. Üben Sie,
das Glück zu erkennen, wenn es Ihnen begegnet. Richten Sie
Ihren Blick nach außen, begegnen Sie dem, was Sie tun, und
dem, was Sie umgibt, mit Wertschätzung. Dann werden Sie in der
Lage sein, sich im tristen Grau einen Regenbogen zu schaffen.

Glück kommt dann, wenn Sie Ihren inneren Widerstand loslassen. Ein Prozess des Fließens und des Annehmens, mit dem Sie
sich für das Gute öffnen – gerade dann, wenn Sie das Gefühl
haben, Dauergast in der Untergrundbahn zu sein. Irgendwann
geht es wieder nach oben!

Wir alle kennen Menschen, die stets das sprichwörtliche Haar
in der Suppe finden. Nörgler, Kritiker, Skeptiker mit einer Blockadehaltung so fest wie eine Wand. Sie ziehen wie magisch
schwierige Situationen an und haben mit annährend jedem Kollegen Streit. Sie werden nicht müde zu wehklagen, dass ihr Leben
nur aus der Schattenseite besteht und sie im Job niemand versteht, wo sie doch ihr Bestes geben. Das scheint niemand, erst

recht nicht der Vorgesetzte, zu beachten und wertzuschätzen. Auf die Frage, ob sie eine Mitverantwortung an der Misere im Job tragen, reagieren sie mit großen Augen und Achselzucken. Mit dieser Einstellung zu sich und der Umwelt hat der beste Plan B keine Chance auf Entfaltung.

Sigrun John übt mit ihren Klienten, die Dinge umzudeuten. »Ich begleite Menschen in ihre Verantwortung hinein. Alles, was in unserem Leben passiert, hat direkt mit uns zu tun. Ich helfe dabei, die Dinge zu sortieren und von einer anderen Warte zu betrachten. Dadurch zeigen sich Lösungen für die jeweilige Situation«, erklärt sie. Denn es ist die Art unserer Handlungen und unsere Haltung, mit der wir uns befähigen, die Glücksspur einzuschlagen.

Ist Ihr Glas »stets halb leer«, wird es das auch sein, wenn Sie Ihren Traum wahr werden lassen, auf einem Bergbauernhof die Kühe zu melken. Bleiben Sie bei Ihrem inneren Widerstand als Blockadehaltung für das Gute um Sie herum und in sich selbst, werden Sie als Aussteiger im Surferparadies dem Glück erfolglos hinterherschwimmen. Sie nehmen Ihren schweren Rucksack an jeden Ort mit, von dem Sie sich Erfüllung und Sinnhaftigkeit erhoffen.

Glück kann man üben

Glück ist eine bewusste Entscheidung, weder Zufall noch Schicksal. Wer wirklich will, kann sein Glückskonto füllen und aus dem Vollen schöpfen. Kleine alltägliche Gründe gibt es viele, um glücklich zu sein. Man muss sie nur wahrnehmen.

Kennen Sie den Brillentrick, den Coaches anwenden? Bei diesem Sehtraining wird aus einer Sonnenbrille ein Glas entfernt. Der Blick durch diese Brille trainiert, anders auf das Leben zu sehen und die schönen Seiten zu betrachten. Weil der Blick mit diesem Trick bewusst gesteuert wird. Eine Art Achtsamkeitstraining, wenn man so möchte. Dieses spezielle Sehtraining hat den Effekt der eindrucksvollen Erfahrung, dass der eigene Blick jederzeit veränderbar ist. Dafür ist es nie zu spät. Der Mensch lernt, bewusst mit seinem gewohnten Automatikbetrieb umzugehen, und trainiert eine andere Betrachtungsweise auf die Welt. Die Wahrnehmung für das Beste wird geschärft. Mit dieser Übung können Konditionierungen aus der Kindheit aufgelöst werden. Das klingt simpel und ist es auch.

Machtvoll ist Dankbarkeit als ein positives Gefühl. Eine dankbare Grundeinstellung verhilft zu mehr Lebensqualität. Dankbarkeit ist eine Haltung und ein wichtiger Schlüssel zum Glück. Voraussetzung dafür ist das Erkennen einer Situation, die Dankbarkeit auslöst. Das kann ein lieber Mensch sein, der eigene Gesundheitszustand oder eine fantastische Yogastunde, die eine positive Emotion auslöst. Dankbarkeit ist ein Ausdruck von Freude, die das Herz erwärmt. Studien haben gezeigt, dass Dankbarkeit Menschen optimistischer in die Zukunft blicken lässt. Ich kenne aus der Meditationspraxis eine dankbare Einstellung, die mit folgendem Satz bestärkt wird: »Heute kommt nur Gutes zu mir, und ich bin voller Freude und Zuversicht.« Das ist kein spiritueller Schnickschnack, vielmehr eine bejahende Haltung, die Wirkung zeigt. Diese positive Lebenshaltung beschenkt uns tatsächlich mit guten Momenten und überraschenden Situationen.

Das Gute im Geschenk ist manchmal erst im Nachhinein und mit Abstand erkennbar.

Kurz bevor ich mich entschieden hatte, meinen Lebensmittelpunkt auf das Land zu verlegen, kam ein Ausnahme-Jobangebot ins Haus geflattert. Ich sollte für eine der renommiertesten Kliniken in Süddeutschland die Kommunikationsabteilung leiten. Ein Ortswechsel wäre für mich unumgänglich gewesen. Der seit einem Jahr im Amt befindliche Chefarzt, den ich aus einem vorangegangenen Projekt gut kannte und schätzte, lobte in den höchsten Tönen das Aufgabenfeld, das auf mich wartete. Begeistert erzählte er mir von seinen Plänen für die Klinik, seinem einflussreichen Netzwerk mit namhaften Freunden aus der Wirtschaft, mit denen diese Wandlungsprozesse im Hause eingeläutet werden sollten. Das Krankenhaus sollte die modernste Spezialeinrichtung im Lande werden. Mir winkte ein Jahresgehalt, von dem ich nicht zu träumen gewagt hätte. Mir klingelten die Ohren, und ich verfasste ein ausführliches PR-Konzept mit einem detaillierten Angebot für meine Leistung. Das Angebot war so verlockend, dass ich meine Landlust-Pläne beinahe ad acta gelegt hätte, weil mir Geld, Ruhm und Ehre wichtiger erschienen. Ach, mein Ego badete im weichen, duftenden Schaumbad. Seltsam war nur, dass die Resonanz auf mein Konzept und das Angebot ausblieb. Meine Mails an den Chefarzt und meine Anrufe landeten im Off. Nachtigall, ich hör dir trapsen. Mir schwante Ungutes, und so kam es auch. Der Geschäftsführer der Klinik hatte den smarten Chefarzt kurzerhand wegen Bestechlichkeit und Korruption vor die Tür gesetzt. Erst war ich entsetzt, dann dankbar für diese Schicksalsfügung. Man stelle sich vor, ich hätte diesen vermeint-lichen Traumjob mit einem Wohnortwechsel angetreten und dafür meinen eigentlichen Traum, auf dem Land schreibend tätig zu sein, aufgegeben. Eine Welle der Dankbarkeit durchströmte mich. Ich war dankbar für die-se im Nachhinein positive Entwicklung. Sie bewahrte mich vor einem beruflichen Desaster. Ich würde heute nicht hier sitzen und mit dem Blick in meinen wunderschön blühenden Bauerngarten arbeiten können. Wie wäre es mir ergangen, wenn die Machenschaften des Chefarztes erst nach meinem Jobantritt aufgeflogen wären? Ich habe erkannt, dass mit diesem geplatzten Angebot tatsächlich nur Gutes zu mir kam. Es hat mich dar-in geschärft, mit Bedacht auf Kundenanfragen zu reagieren. Ich habe lernen dürfen, bei allem, was von außen kommt, erst einmal innezuhalten und mich zu fragen: Macht mich das wirklich glücklich? Es ist nicht alles Gold, was glänzt. Dankbarkeit jedoch hat Goldglanz, weil es die Glücksproduktion anregt.

Stephan Kiöbge

© privat

Vom IT-Projektmanager zum Einsteiger in ein wahres Leben

Als Aussteiger würde ich mich nicht bezeichnen, sondern als Einsteiger in ein wahres Leben.
Es ist frei von dem, was andere denken, was angebracht ist und verstandesmäßig richtig. Mein Leben ist getragen von innerer Sicherheit und getragen von der Freiheit, das tun zu können, was ich gern möchte. Es ist die Freiheit, der inneren Stimme zu folgen. Sie ist da, noch bevor ich es weiß. Ich nenne ein Beispiel: Ich bin letztes Jahr gereist und war länger in Israel. Auf einmal wurde mir bewusst, hier ist es für jetzt vorbei. Ich habe mich gefragt, was nun kommt, und die Antwort war »Südfrankreich«. Ich war erstaunt, denn diese Information kam nicht aus meinem Verstand. Ich kann nur wenig französisch sprechen, habe kaum Bezug zu

diesem Land. Die innere Stimme verbindet uns mit Regionen, die jenseits dessen sind, was die kleinen Stimmen der Angst und der Sorge in uns sagen. Die sagen nämlich: Geh dahin, wo du dich auskennst. Das gibt dir Sicherheit.

Mein Leben war immer schon ungewöhnlich. Ich war ein hypersensitives Kind. Mein Elternhaus war unkonventionell und förderte die Individualität. Seit meinem sechsten Lebensjahr war plötzlich das starke Interesse für Orgeln und Orgelmusik da. Als Teenager war mir Orgelspielen und im Chor zu singen wichtiger als Partys und mit Freunden auszugehen. Nach meiner ersten Lebenskrise, dem Abbruch des Musikstudiums, haben sich neue Türen geöffnet: Ich habe den Weg zu Yoga und Meditation gefunden und nach einem weiteren Studium eine Karriere in der Wirtschaft eingeschlagen. Ich war für große Beratungsfirmen im IT-Projektmanagement tätig. Doch ich hatte das klassische Profil eines Perfektionisten, der alles kontrollieren muss und ständig in Sorge ist, dass die Umwelt ihn entlarvt, weil er eigentlich nicht perfekt ist. Und das hat mich in ein heftiges Burn-out geführt. Das war 2012, und ich war knapp über vierzig Jahre alt. Rückblickend bin ich über diesen harten Weg und wirklich alles, was in meinem Leben passiert ist, dankbar, denn so bin ich wieder zum Yoga und zur Meditation gekommen.

Es gilt, eine Bereitschaft zu entwickeln und den Moment der Veränderung zu erkennen.
Das ist eine Form von Achtsamkeit mit dem Blick nach innen. Wesentlich ist die Offenheit für Veränderungen und das Vertrauen, dass es für jede Veränderung den richtigen Moment gibt. Ich bin nach dem Burn-out erst einmal in eine ähnliche Tätigkeit zurückgegangen, war als freiberuflicher Berater in der IT einer

großen deutschen Bank unterwegs. Irgendwann merkte ich, dass es dort für mich nicht mehr stimmig war. Ich entschloss mich, erst einmal zu reisen und meine wunderbare Wohnung in der Nähe von Frankfurt aufzugeben. Alle meine Sachen sind seitdem eingelagert, und ich habe mich von vielen Dingen getrennt. Das war viel einfacher als gedacht und sehr befreiend. Ich habe in diesem Jahr viel Zeit in Israel, meiner Wahlheimat, verbracht, und es haben sich dort viele Wunder für mich ergeben. Ich arbeite auch jetzt noch in einem ähnlichen Umfeld wie früher, allerdings mit einer ganz anderen Haltung. Und ich habe den Schwerpunkt auf Coaching für Firmen, Teams und Einzelpersonen gelegt. Jetzt ist mir klar, dass der Weg zur Veränderung Schritt für Schritt erfolgt und aus der inneren Sicherheit und Freude heraus.

Ich folge meiner inneren Stimme, ohne einen langfristigen Plan zu haben.
Während meiner Zeit in Südfrankreich wusste ich auf einmal, dass die Zeit des Reisens vorbei war und ich unbedingt ein neues IT-Projekt finden wollte. Mit dieser kraftvollen und freudigen Intention habe ich innerhalb kurzer Zeit ein tolles Projekt gefunden, das mich nach Mannheim gebracht hat – eine Stadt, zu der ich sonst überhaupt keine Verbindung habe. Dort war ich vier Monate. Ich schaue immer kurzfristig, wohin es mich zieht oder ob neue Impulse kommen. Natürlich habe ich auch mal Ängste, oder es kommen »alte« Verhaltensmuster zum Vorschein, aber diese Anteile erschüttern mich nicht mehr.

Ich bin jetzt in Brüssel – und arbeite hier intensiv an meinem Coaching- und Consulting-Angebot sowie an einem Blog, um meine Erkenntnisse mit möglichst vielen Menschen zu teilen.

Das Symbol für beides ist der Leuchtturm. Auch dieser Ort und der Leuchtturm kamen durch meine innere Stimme. Erst dachte ich, dass ich mich in Brüssel sofort um einen Job bemühen würde, mich in Jobportalen als Freelancer eintragen sollte. Das sagte mir der Verstand. Aber wenn man so wie ich ein anderes Leben führt, werden innere intensive Prozesse angestoßen. Das ist dann die Arbeit – ich arbeite an meinem Inneren. Das lasse ich zu, und es geht jetzt Hand in Hand mit der Arbeit an Blog und Coaching. Das Leben bekommt andere Dimensionen, Spielraum für Neues, und Unerwartetes entsteht, und deshalb plane ich kaum mehr etwas. Wenn Freunde mir sagen, dass sie mich in zwei Wochen sehen wollen, dann sage ich: Gern, aber lass es uns spontan verabreden. In meinen Phasen ohne IT-Projekt schaue ich maximal zwei Wochen voraus.

Ich gehe dahin, wo Ort oder Arbeit für mich richtig ist.
Dort suche ich mir ein interessantes Projekt. Das ist eine Art energetischer Prozess. Die Türen und Fenster unserer Seele müssen geöffnet sein. Wenn ich alles zumache, kommt auch kein Freund vorbei. Das kennt sicher jeder. Es muss stimmig sein. Ich vertraue meiner Intuition.

Woher ich mir meine Kraft hole? Aus dem Licht in meinem Inneren!
Da hilft mir Meditation. Die Rückverbindung herstellen – egal, was man macht: tanzen oder einem Vogel zuschauen. Mein Lebensziel ist es, der inneren Wahrheit zu folgen. Das innere Licht und die Wahrheit sind unsere Essenz. Ich muss nichts manipulieren, alles kommt zu mir. Es geht nicht darum, was ich beruflich

gemacht habe oder jemand zu sein oder ein großes Auto zu fahren. Die Spielchen der Selbstdarstellung fallen irgendwann ab, das ist nicht mehr bedeutsam auf dem Weg in das freie Leben.

Ich habe ein großartiges Netzwerk von Freunden, vor allem in Israel.

Die Unterstützung und die Kraft, diesen Weg zu gehen, kommen hauptsächlich aus mir SELBST und von meinen Freunden. Bei 80 Prozent meiner Freunde sehe ich die Sehnsucht, dass sie meinen Weg auch gern gehen würden. Ich habe nie Abwertung erfahren, sondern bin berührt von dem Ausmaß und der Intensität des Zuspruchs, dass ich es so genau richtig mache.

2.4 DIE LEICHTIGKEIT DER GENERATION Y

Die Unzufriedenheit im Job, verbunden mit der Sehnsucht nach der wahren Berufung, vibriert unter der Oberfläche. Ein leises, aber hartnäckiges Klopfen. Die Vision für ein erfüllteres Leben nimmt Konturen an, und alles in Ihnen strebt nach vorne – es fehlt nur noch der letzte Funken Mut und Zuversicht. Die Verhaftung in der Vergangenheit, in alten Gewohnheiten und Ritualen ist stärker als der Drang, doch endlich den Absprung zu wagen. Dieser Zustand ist vergleichbar mit Bungee-Jumping. Stellen Sie sich vor, Sie stehen da oben und schauen in die Tiefe. Sie stehen und schauen … ganz lange. Sie wissen, dass es gut gehen wird, und Sie möchten unbedingt diese neue Erfahrung machen. Alles in Ihnen ist bereit, aber Sie trauen sich nicht, den entscheidenden Schritt zu tun.

Stellen Sie sich nun vor, dass von unten jemand fröhlich winkt und ruft: »Los, spring! Es ist leichter als gedacht!«

Das könnte ein Millennial sein, ein Mitglied der Generation Y. Das sind die Menschen, die zwischen 1980 und 1999, also vor der Jahrtausendwende geboren sind. Medien und Soziologen arbeiten gern mit Schlagworten, um die gesellschaftliche Zuordnung übersichtlicher zu gestalten. Entscheidend ist der Zeitpunkt der Geburt, weniger die persönlichen Merkmale des Individuums.

Die Generation Y kommt auf leichten Füßen daher, pfeift auf feste Arbeitszeiten und feiert den Wert Sinnhaftigkeit. »Es ist eine Generation, die so viele Möglichkeiten hat wie nie zuvor. Sie sind selbstbewusst und wurden von ihren Eltern und ihrem sozialen Umfeld darin gestärkt, nach ihren Vorstellungen zu leben. Menschen der Generation Y wissen sehr klar, was sie wollen, und verfolgen ihre Ziele mit einer großen Portion Selbstbewusstsein«, sagt Sabine Keiner, Coach und Trainerin in Köln. Sabine Keiner unterstützt und begleitet Menschen bei ihrer beruflichen Standortbestimmung und Umorientierung. Hohe Arbeitsbelastung, zu viel Stress, Ungerechtigkeit am Arbeitsplatz und autoritäre Führungsstile kennt sie aus ihrer eigenen Berufswelt. Nach dreizehn Jahren in Marketing und Projektmanagement für internationale Wirtschaftsunternehmen hat sie sich eine Auszeit geschenkt und dabei ihre Selbstständigkeit aufgebaut. »Authentisch zu sein macht glücklich. Auch das können wir von der Generation Y lernen«, sagt sie.

Sie selbst ist Jahrgang 1969 und damit zugehörig zur Generation X, geboren zwischen 1965 und 1980 – wie ich selbst und wie vermutlich auch Sie als Leserin oder Leser dieses Buches. Wir alle stehen in der Mitte unseres Lebens und wissen um die Endlichkeit unseres irdischen Daseins. Wir haben erkannt, dass wir auf das Jetzt setzen müssen. Das Leben fordert uns noch einmal neu heraus und will mit einer Bilanz kritisch gewürdigt werden. Erfüllt die Arbeit uns noch? Sind wir da, wo wir sind, am richtigen Platz? Wir haben die Wahl, wie wir unser Leben verbringen möchten, doch aus der Herausforderung kann auch eine Überforderung werden.

Die Generation X ist geprägt durch die Wirtschaftskrise und Eltern, die im Krieg groß wurden. Erinnern Sie sich noch an das Sonntagsfahrverbot als energiesparende Maßnahme, nachdem der Ölpreis drastisch erhöht wurde? Von Leichtigkeit als Lebenscredo war seinerzeit wenig zu spüren, der Aspekt der Sicherheit wog höher. Diese Haltung prägt diese Generation und macht den

Sprung in die Freiheit schwerer. Menschen, die heute um die fünfzig Jahre alt sind, haben eine Familie gegründet, ein Haus gebaut oder eine Wohnung gekauft. Sie haben es sich in der Komfortzone gemütlich eingerichtet und sind Verpflichtungen und Verantwortlichkeiten eingegangen. Nun sollen sie plötzlich die Leichtigkeit der Millennials leben und in das Unbekannte hüpfen? Sorglos und frei wie ein Vogel? »Menschen der Generation X haben auch einmal so gedacht und gefühlt, als sie Mitte zwanzig oder dreißig waren. Sie haben anders auf die Welt geschaut, als sie es heute als Mutter oder Vater und Hausbesitzer tun können. Leichtigkeit und Sorglosigkeit aus jungen Jahren sind der Reife und Weisheit gewichen«, erklärt Sabine Keiner.

Bei manchen Menschen mag in dieser Phase der Neuorientierung die Schwere überwiegen, und deshalb ist es gut, sich nach Inspirationsquellen umzusehen. Menschen, die wichtige Impulse geben, deren Lebenseinstellung Mut macht, deren Lebensfreude ansteckt.

Damit Sie mich nicht missverstehen: Das hier ist kein Plädoyer dafür, die Rolle rückwärts zu machen und Ihr Erfahrungswissen der vergangenen Jahrzehnte auszublenden. Vielmehr ist es ein aufmunternder Appell, sich die positiven Seiten der Generation Y für Ihren eigenen Lebensweg nutzbar zu machen. Schauen wir einmal genauer hin, was die zwischen 1980 und 1999 geborenen Mädchen und Jungen anders machen und welche Eigenschaften sie auszeichnet. Freuen Sie sich auf einige Aha-Erlebnisse und Anregungen für die beherzte Umsetzung Ihres eigenen Plan B.

Revolution der Arbeitswelt

Egal, was wir von der Generation Y halten und wie neidisch wir vielleicht auf ihre Technikaffinität mit ihrem so spielerisch-rasanten Getippe auf Handy und Laptop sind – sie hat unsere Arbeitswelt kräftig durcheinandergewirbelt. Hierarchische Strukturen lehnt sie ab, und sie definiert Arbeitszeit nicht als Lebenszeit. »Die Generation Y lebt bewusster und zieht gesunde Grenzen. Nicht Arbeit ist der Lebensmittelpunkt, sondern eine gute Work-Life-Balance. Zeit und Lebensqualität spielen eine große Rolle«, weiß Sabine Keiner aus Gesprächen mit ihren Klienten. Sie machen selbstbewusst ihren Anspruch geltend und sind wahrscheinlich für so manchen Personaler eine Herausforderung. Denn die Generation Y möchte zwar effizient und produktiv arbeiten, jedoch nicht in einem klassischen 9-to-5-Job, wie es die Vorgängergeneration kennt. Sie präferieren Homeoffice und flexible Arbeitszeitmodelle, damit Freizeit und Familie ausreichend Raum haben. Arbeit und Privatleben werden nach individuellen Wünschen ausgerichtet.

Davon konnten wir aus der Generation X in jungen Jahren nur träumen! Homeoffice? Arbeit nach Wunsch mit einer dreistündigen Pause nachmittags und dafür wieder abends ab 20 Uhr, wenn die Kinder im Bett sind? Das wäre bei vielen Arbeitgebern ein Kündigungsgrund gewesen. Selbst heute gibt es immer noch Dinosaurier im Chefsessel, die Homeoffice strikt ablehnen. Die Generation Y jedoch lehnt sich mutig auf und kann dank ihres in der Regel hohen Bildungsgrades und dem Mangel an Fachkräften auf ihre Ansprüche zugeschnittene Jobs auswählen. Die High Potentials sind auf dem Vormarsch. Selbstverwirklichung steht an oberster Stelle, und wenn die nicht möglich ist, wird auf einen lukrativen und sicheren Job lieber verzichtet. Das hätten sich die Vertreter der Generation X nicht getraut, denn wir setzen mit den warnenden Worten unserer Eltern im Ohr auf Sicherheit, wir sollten »etwas Anständiges« lernen und damit auch »gutes Geld« verdienen. »Bei der Arbeit steht für die Generation Y Spaß weit vorn«, so Sabine Keiner.

Die Ergebnisse einer Umfrage des Zukunftsinstituts mit Sitz in Frankfurt am Main bestätigen dies: Für 89 Prozent der befragten Millennials ist Unabhängigkeit und das Ziel, sein Leben selbst bestimmen zu können, besonders wichtig. 87 Prozent wollen Spaß haben und das Leben genießen. Die Generation Y pfeift auf die alten Muster und stellt die Sinnhaftigkeit ihres Berufes vor die Zahlen auf dem Gehaltszettel. Sinnhaftigkeit und Spaß – passt das nicht wunderbar zusammen, wenn wir uns auf den Weg machen, unserer Berufung zu folgen? Hingegen sind Streben nach Sicherheit und Geld reichlich spaßbefreit.

»60 bis 80 Prozent Arbeitszeit sind okay. Wir wollen Zeit für uns und für Reisen haben. Geld ist wichtig, aber nicht um jeden Preis«, sagt Lea, Jahrgang 1993, die in Zürich studiert. In ihrem Umfeld sei es angesagt, in ein Surferparadies nach Portugal zu fahren. »Da treffen sich dann die Leute für mehrere Wochen. Es wird nachhaltig gekocht, und die Community ist einfach nice. Einige Typen sind das ganze Jahr dort und aus ihrem Job ausgestiegen«, erzählt Lea. Das klingt so, als wenn die Workaholics mit der Generation Y aussterben. Karrieristen, die um jeden Preis, auch den ihrer Gesundheit, nach oben streben und mit den Insignien von Erfolg und Macht ihr Ego und ihre Umwelt beeindrucken wollen.

Mich haben solche ehrgeizigen Kolleginnen und Kollegen eher negativ beeinflusst, denn mit diesen vermeintlichen »Vorbildern« habe ich mich klein gefühlt. Je mehr dieser Karrieristen in meinen Arbeitswelten in den Verlagshäusern präsent waren, desto weniger Mut hatte ich seinerzeit, die Spur zu wechseln und meinen beruflichen Träumen einen festen Platz in meinen Gedanken zu schenken.

Es geht auch ohne Status und Prestige. Die Generation Y braucht diese gesellschaftliche Anerkennung genau so wenig wie die Ego-Entfaltung. Bei der Umfrage des Zukunftsinstituts gaben 71 Prozent der Befragten an, sie wollten in einem Job kreativ sein, eigene Ideen verwirklichen und mitgestalten können. 64 Prozent der Millennials halten es für besonders wichtig, die Welt ein wenig besser zu machen, die Hälfte der Befragten möchte sich durch Individualität von der Masse unterscheiden.

Was heißt das für die Generation X? Auch wir sollten uns ein Stück vom Kuchen sichern! Auch wir wollen doch die Welt besser machen und eigene Ideen verwirklichen. Das hört sich verlockend an und wirkt wie ein Schub, ein kräftiger Schwung, den Beruf gegen Berufung einzutauschen. Es lebe der Umbruch und die Neuausrichtung, die in der Generation X tunlichst gemieden wurde. Brüche in der Vita galten lange als Makel und K.-o.-Kriterium für Bewerbungen. Die Generation Y kann uns mit ihrem gesunden Realitätssinn anstecken, weil sie laut der Umfrageergebnisse des Zukunftsinstituts davon ausgeht, im Laufe ihres Berufslebens irgendwann noch einmal neu beginnen zu müssen. 44 Prozent stellen sich mit einer eindrucksvollen Selbstverständlichkeit darauf ein, die eigenen Lebensläufe einer nachträglichen Korrektur zu unterziehen. Selbst eine längere Arbeitslosigkeit schreckt sie nicht und wird eher als Herausforderung, die es zu meistern gilt, verstanden. Ist eben ganz normal, lautet dabei die Devise.

Was heißt das für Sie? In unserer Gesellschaft dürfen Berufs-wechsel gelebt werden. Es zeugt eher von Mut und Neugierde, sich neuen Aufgaben zu stellen, statt sein Leben lang in einem Job zu verharren, der keinen Spaß macht und in dem wir keinen Sinn sehen.

Weniger ist mehr

»Ich mache keinen Urlaub, ich reise und entdecke fremde Kultu-ren«, korrigierte mich die 25-jährige Tochter meiner Nachbarin, als ich sie auf ihren 5-Kilo-Rucksack ansprach, mit dem es für drei Monate nach Vietnam und Thailand gehen soll. Sie gönnte sich ein Sabbatical, eine Auszeit vom Job, was bei der Generati-on Y hoch im Kurs steht. Der kompakte Rucksack steht für den neuen Minimalismus, den die Millennials wie selbstverständlich pflegen. Wer braucht schon einen ganzen Koffer voller Klamot-ten? Sich von Altlasten zu trennen und mit leichtem Gepäck über den neuen Weg zu hüpfen klingt nach Befreiung und schmeckt nach Leichtigkeit.

Die Generation Y setzt auf genau dieses Prinzip, dass weniger mehr ist. »Wir müssen nicht viel haben, sondern lieber wenige hochwertige Klamotten und Möbel«, sagt Studentin Lea aus Zü-rich. Wie viele andere Millennials ist sie ein konsumkritischer Mensch und begeisterter Kleidertausch-Fan. Mit weniger auszu-kommen heißt nicht automatisch, auf Bananenkisten sitzen zu müssen. Vielmehr ist mit Minimalismus die Reduktion auf das We-sentliche gemeint. Eine Rückbesinnung auf Dinge, die zum Leben wichtig sind, frei von all dem Kram, der sich im Haus oder in der

Wohnung über all die Jahre breitgemacht hat. Den Ballast abzu-
werfen macht frei und erleichtert die Reise mit dem Ziel Plan B.

*Meinen Umzug aus der Großstadt aufs Land habe ich seinerzeit zum
radikalen Ausmisten genutzt. Mit jedem Karton voll ausgelesener Bücher
als Geschenk für die Stadtbücherei, mit jedem Kleidersack für das Deutsche Rote Kreuz, mit jedem Möbelstück, das einen neuen Besitzer über
Ebay fand, wurde mir leichter ums Herz. Wie herrlich befreiend, sich mit
leichtem Gepäck auf den neuen Weg machen zu können!*

Seien wir ehrlich: Beim kritischen Blick in den Kleiderschrank
stellen wir fest, dass mindestens ein Drittel der Klamotten ein
Schattendasein fristet. Weil wir die fünfte Jeans, die dritte weiße
Bluse und das vierte schwarze Jackett doch gar nicht benötigen.
Wie die Generation Y darüber denkt, unterstreicht eindrucksvoll
ein Kommentar der Tochter meiner Nachbarin. Als ihre Mutter
mit einer Tüte ihrer Lieblingsboutique nach Hause kam, sagte sie:
»Aber Mama, noch eine Jeans? Du hast doch schon zwei, warum
kaufst du dir jetzt noch eine?« Besagte Tochter ist die junge Frau,
die mit nur 5 Kilo Gepäck nach Vietnam reiste. Eine Auszeit vom
Job, die auch der Wissensbereicherung dient. Was mir daran imponiert, ist die Selbstverständlichkeit, mit der sie die Auszeit bei
ihrem Chef eingefordert und ihr Arbeitszeitkonto entsprechend
aufgefüllt hatte.

Das ist ein wunderbares Vorbild, denn auch für eine berufliche
Umorientierung braucht es Zeit und Muße. Diese dürfen und
sollten Sie sich ohne schlechtes Gewissen nehmen. Reisen bildet
bekanntlich, und wie mir verschiedene Millennials erzählten,
dient es auch der Suche nach kreativen Ideen für die gewünschte
berufliche Entfaltung. Oder der Suche nach einem geeigneten
Platz für den Ausstieg.

Leas Studienkollegin hat auf ihrer Reise nach Bali einen Ko-operationspartner gefunden, mit dem sie nun in ihrer neu ge-gründeten Manufaktur nachhaltig hergestellte Taschen fertigt. So einfach geht es. Lea selbst plant nach Beendigung ihres Studiums einen eigenen Beruf zu kreieren, in dem sie ihren Spaß am Coa-ching mit spirituellen Fortbildungen, die sie bereits während des Studiums macht, und ihrer Liebe zur Innenarchitektur verbinden will. »Ich möchte beides zusammenbringen. Wie, weiß ich noch nicht, aber das wird sich noch ergeben«, sagt Lea selbstbewusst.

Wer so zielorientiert und bemerkenswert klar denkt, wird sei-nen Traum leben können. Auch wieder so eine Leichtigkeitswel-le, auf der die sinnsuchende Generation X mit ihren Fragen nach dem Was und Wie wunderbar schwimmen kann. Manche Berufs-modelle entwickeln sich beim Vorwärtsgehen.

Ihre Sehnsucht nach einer sinnvollen Tätigkeit kann mit dieser Ausrichtung genährt werden. Nachmachen unbedingt erlaubt. Gespräche mit der Generation Y wirken erhellend. Wer an dieser Stelle grummelnd anmerkt, dass sich in seinem sozialen Umfeld leider keine Ypsiloner befinden, dem kann geholfen werden. Die Millennials tummeln sich in Kneipen, Bars, Sportstudios, und ganz sicher lässt sich auch in Ihrem Bekanntenkreis ein Vertreter dieser Generation aufspüren.

Mir hat der rege Austausch mit den Leas dieser Welt viele neue Impulse und Ideen gegeben. Nutzen Sie diese Quellen der Inspi-ration als Motivationsbeschleuniger für Ihre eigenen Träume. Die Ypsiloner freuen sich über einen wertschätzenden Kontakt auf Augenhöhe.

2.5 EINE FRAGE DER PERSÖNLICHKEIT

Jeder Mensch ist einzigartig, und das gilt auch für seine Persönlichkeit. Es gibt nicht *die* Persönlichkeit und es gibt keine feste Zuordnung zu *dem* Job. Wir alle kennen die Persönlichkeitstest in Frauen- und Männerzeitschriften, bei denen wir eine Reihe von Fragen beantworten müssen, um herauszufinden, in welche Schublade wir passen. Wir sind dann »Die Fleißige« oder »Der Tatkräftige« und lesen in einem kleinen Absatz, was diese Menschen auszeichnet. Das mag belustigend und erhellend sein, weil wir uns tatsächlich wiederfinden können, greift jedoch zu kurz. Mit dieser oberflächlichen Erkenntnis können Sie sich nicht auf die Suche nach Ihrer Berufung machen.

Mit Persönlichkeit ist vielmehr die Essenz einer Person gemeint, all das, was sie ausmacht, was sie von ihren Mitmenschen unterscheidet. Jeder fühlt, denkt und handelt individuell. Jeder reagiert anders auf eine Situation. Wenn zum Beispiel ein Freund anruft und zu einer Spontanparty am Wochenende einlädt: Der eine reagiert begeistert und freut sich auf die große Sause und das Treffen mit Freunden. Der andere hat keine Lust, es ist ihm zu viel, zu viele Menschen, zu viel Trubel, zu viel Lärm – und zu wenig Schlaf.

Aus persönlichen Vorlieben, Neigungen, Eigenschaften – daraus ergibt sich eine individuelle Kombination, eine Persönlichkeit. Die Gene spielen ebenso eine Rolle wie das soziale Umfeld, das uns von Kindesbeinen an prägt.

Die Persönlichkeit eines Menschen spielt bei der Wahl des Berufes eine entscheidende Rolle. Extrovertierte Menschen wählen in der Regel Berufe, in denen sie diesen Teil ihrer Persönlichkeit voll einsetzen können, wie Trainer, Redner, Coach oder Jobs im Verkauf. Für eine introvertierte Persönlichkeit wäre eine Tätigkeit im Vertrieb mit täglichen Kundenkontakten so grausam wie Würstchen mit Himbeereis. Es passt einfach überhaupt nicht zusammen. Allerdings ändert sich die Persönlichkeit im Laufe der Zeit, wie Wissenschaftler herausgefunden haben. Private und berufliche Erfahrungen verändern uns, lassen uns reifen. Die Persönlichkeit eines Menschen ist eben kein starres Konstrukt.

Martina ist ebenso wie ich Mitglied in einem Unternehmerinnen-Netzwerk und hat sich als Teampartner für artgerechte Katzen- und Tiernahrung selbstständig gemacht. Sie ist wortgewandt, witzig und stellt ihr erfolgreiches Business stets selbstbewusst mit einem ritualisierten Eingangssatz vor: »Ich lade Ihren Hund oder Ihre Katzen zum Essen ein.« Das macht neugierig. Wer Martina im Direktvertrieb erlebt, kann sich nur schwer vorstellen, dass diese kommunikationsfreudige Frau früher in einer Arztpraxis arbeitete und sich am liebsten hinter dem Tresen verkroch, um möglichst wenig mit den Patienten reden zu müssen.

Ein weiteres Beispiel ist mein Bekannter Uwe. Er fährt seit vielen Jahren Taxi und sichert sich mit diesem Job seinen Lebensunterhalt. Ist sein Konto aufgefüllt, schließt er für einige Wochen die Autotür, dreht dafür den Zündschlüssel seines Motorrads um und rollt allein mit sich und der Welt über ferne Landstraßen. Ist die Urlaubskasse leer, setzt Uwe sich in seiner Heimatstadt wieder ins Taxi. Dieses Lebensmodell ohne berufliche Zwänge und hierarchische Strukturen am Arbeitsplatz macht ihn glücklich und entspricht seiner freiheitsliebenden Persönlichkeit. Noch vor fünfzehn Jahren trug Uwe Anzug und Krawatte und saß in einem gläsernen Hochhaus, als Abteilungsleiter mit vielversprechender Karriere. Dies hat er für seinen Traum aufgegeben.

Die eigene Persönlichkeit erkennen

Erstaunlich, wie sich unsere Persönlichkeit herauskristallisiert, wie sie sich entwickelt und uns zu unserer wahren Berufung führt! Martina und Uwe haben sich dazu entschlossen, dem Ruf ihrer Persönlichkeit zu folgen. Sie haben sich auf eine Reise zu sich selbst begeben, um ihre Berufung zu finden. Das ist ein Prozess, für den es Zeit und Geduld braucht, aber auch Neugierde und den Mut, sich selbst ehrlich und kritisch zu durchleuchten.

Wer bin ich? Was macht mich aus? Aus den Antworten auf diese Fragen ergeben sich Ihre Richtungsweiser für die berufliche Umorientierung. Denn Sie wollen doch einen Job haben, der zu Ihnen passt und Ihre Sehnsucht nach Sinnhaftigkeit befriedigt. Kein Aussteiger möchte in der sprichwörtlichen Pampa sitzen und todunglücklich der alten Zeit nachtrauern. Ihre Persönlichkeit ist das Fundament für ein Leben Ihrer Wahl. Wahrscheinlich fallen Ihnen spontan ein paar Charaktereigenschaften ein, die Sie sich selbst zuschreiben würden. Doch Sie sind mehr als freundlich, aufgeschlossen, zuverlässig, introvertiert, zugeknöpft, lustig, gewissenhaft, sprachbegabt, schüchtern oder fantasielos. Am Anfang Ihrer Entdeckerreise zeigt sich Ihr vollständiger persönlicher Fingerabdruck eher verschwommen. Deshalb werden Sie nun Ihren Blick scharf stellen.

Talente und Fähigkeiten entdecken

Den Weg zu Ihrem Traumberuf und Ihrer Wunschbeschäftigung finden Sie über sich selbst. Erfolgreicher Wandel gelingt, wenn Sie Ihre Talente einsetzen. Ihr *Können* sollte mit Ihrem Plan B übereinstimmen. Alles, was Sie gemacht haben, unterliegt nicht dem Zufallsprinzip, sondern spricht Ihre individuelle Sprache. Darauf dürfen Sie vertrauen, das ist ein universales Prinzip. Sie müssen also den Blick auf sich selbst richten. Viel zu oft verweilen wir im Außen und sind damit beschäftigt, was die anderen tun und wie sie sich darstellen. Das lenkt uns nur von unserem Wesenskern ab, von unserem Pfund, das wir für dieses Leben mitbekommen haben. Sie müssen nicht wie Aschenputtel danebenstehen und andere Menschen beneiden. Wie jeder Mensch besitzen auch Sie individuelle Talente, Fähigkeiten und Begabungen. Diese gilt es zu fördern.

Ich höre Sie jetzt zweifelnd fragen: »Was kann ich denn schon?« Die Antwort darauf ist einfach: »Mehr, als Sie denken!« Öffnen Sie einfach mal Ihre persönliche Schatzkiste, und Sie werden sich wundern. Sie ist praller gefüllt, als Sie vermuten, und birgt so manches Geheimnis, das gelüftet werden will. Sabine Keiner spricht von »Ressourcenschätzen«, die gehoben werden wollen. Ressourcen sind Ihre Stärken, mit denen Sie aus dem Vollen schöpfen können.

Lassen Sie uns gemeinsam in Ihre Schatzkiste schauen und herausfinden, was Ihre Ressourcen, Ihre Stärken sind. Dazu bedienen wir uns der ressourcenorientierten Wahrnehmung, die Ihre Potenziale, Stärken und Kraftquellen in den Fokus stellt. Sie als einzigartiges Individuum befinden sich im Mittelpunkt. Es geht um Sie und Ihre inneren Schätze. Herausforderungen werden stärkeorientiert angepackt, statt sich selbst in die Defizit-Ecke zu stellen und sich mit den eigenen Unzulänglichkeiten zu befassen.

Bei der ressourcenorientierten Körperarbeit im Coaching wird mit »Krafthaltungen« gearbeitet. Eine bestimmte Körperhaltung erzeugt eine positive Stimmung. Wie das geht? Stellen Sie sich hin, lassen Sie die Schultern hängen und senken Sie den Blick auf den Boden. Wie fühlen Sie sich? Nun richten Sie sich auf, stützen die Hände in die Seiten, heben den Kopf und blicken fest nach vorne. Wie fühlen Sie sich? Die Wirkung auf das Gemüt ist sogleich eine andere – wie ein Booster für das Selbstbewusstsein.

Die ressourcenorientierte Wahrnehmung arbeitet mit dem Geist, indem sie eine bewusste Sicht auf die eigenen Stärken fördert. Eine kraftvolle Haltung unterstützt diese Methode. Spaziergänge in der Natur, bei denen Sie mit jedem Schritt Ihre positiven Gedanken stärken, wirken ebenfalls unterstützend.

Wenn ich an der Realisierung meines Planes B Zweifel hatte, bin ich ans Meer gegangen, habe mit dem Blick auf die Wellen meine Arme wie zum Jubel nach oben gestreckt und mir selbst zugerufen: »Ich bin eine wunderbare und erfolgreiche Frau, und ich kann ganz viele tolle Dinge!« Das ist meine persönliche Form der ressourcenorientierten Wahrnehmung.

Ressourcen-Check

Sie haben viele wunderbare Talente, Fähigkeiten und Eigenschaften, die ab sofort endlich beachtet werden wollen. Dabei können eine gesunde Selbsteinschätzung und eine hilfreiche Fremdeinschätzung helfen. Für die folgende Übung brauchen Sie Stift und Papier. Ich empfehle Ihnen, sich ein Heft in besonders schöner Optik zu kaufen – als Geschenk für Ihre Innenschau. Das Heft können Sie auch für weitere Übungen verwenden. Handschriftliche Notizen haben eine nachhaltige Wirkung. Ihre Erkenntnisse erzeugen Mut und Zuversicht, Ihr Glaube an sich selbst wird gestärkt.

Übung: Selbsteinschätzung

Wie bin ich? Sind Sie tolerant, organisiert, großzügig? Schreiben Sie Ihre Eigenschaften und Fähigkeiten auf. Dann unterstreichen oder markieren Sie die zehn Eigenschaften, die Ihnen besonders wichtig sind.

Wie sehe ich mich gern? Welche Eigenschaften finden Sie klasse an sich? Auch diese schreiben Sie auf und wählen dann Ihre fünf persönlichen Favoriten aus. Sie sind eine erhellende Grundlage für den nächsten Schritt zur beruflichen Umorientierung.

Was kann ich? Jeder von uns kann irgendetwas und ist darin gut. Vom Renovieren über Reiten bis zu Raumpsychologie. Sie werden überrascht sein, in welchen Bereichen des Lebens Sie sich auskennen. Unterstreichen oder markieren Sie auch hier Ihre acht Favoriten.

Welche Situationen sind mir gut gelungen? Notieren Sie diese Situationen, welche Kompetenzen sie erforderten und was Sie dafür eingesetzt haben.

Ihnen fällt nichts ein, und die Seiten vor Ihnen sind leer geblieben? Dann machen Sie eine Liste aller Jobs, die Sie je hatten – vom Babysitter oder Zeitungsausträger in Ihrer Jugend bis zum Ehrenamt in der Schule Ihrer Kinder. Alles, was Sie jemals gemacht haben, ob bezahlt oder unbezahlt, gehört auf diese Liste. Schreiben Sie auch auf, was Ihnen an den jeweiligen Jobs besonders gut gefallen hat und was Sie am wenigsten mochten. Diese Liste ist höchst aufschlussreich, weil aus ihr hervorgeht, welche Eigenschaften, Fähigkeiten und Talente Sie jeweils eingebracht haben. Sie werden ein Muster erkennen, das sich wie ein roter Faden durch die verschiedenen Jobs schlängelt und die Richtung für Ihren Traumberuf aufzeigt.

Übung: Fremdeinschätzung

Der zweite Teil des Ressourcen-Checks funktioniert hervorragend mit Ihren persönlichen Talentscouts. Die Fremdeinschätzung von Freunden und Familie weist uns meist auf Stärken hin, die wir selbst nicht als solche sehen. Wir sind uns oft nicht bewusst, welche Talente, Fähigkeiten und Eigenschaften uns ausmachen. Bitten Sie gute Freunde, die wertschätzend mit Ihnen umgehen, um ihre Meinung. Fragen Sie die Familie, was sie an Ihnen schätzt. »Viele Menschen sind von dem Ergebnis überrascht, weil sie eine Stärke als selbstverständlich wahrnehmen. Sie können sich nicht vorstellen, dass jemand diese als besondere Eigenschaft herausstellt«, weiß Sabine Keiner aus ihrer Praxiserfahrung.

Meine Freundin Stefanie hat ihre Talentscouts aktiviert und eine eigene Liste ihrer Talente erstellt. »Das Ergebnis war, dass ich gern alte Menschen in meiner Nähe habe, hilfsbereit bin, extrem emphatisch und sehr serviceorientiert«, sagt Stefanie. Sie hat sich als zertifizierte Senioren-Assistentin selbstständig gemacht, und es funktioniert. Sie hat ihre Berufung gefunden, freut sich auf jeden Arbeitstag und geht in jeden Kundentermin mit einem strahlenden Herzen.

Erinnerung an Kindheitsträume

Persönlichkeiten gibt es auch im Miniformat – wir als Kinder! Zwar sind sich die Wissenschaftler uneins darüber, wie genau Persönlichkeit entsteht und sich entwickelt, doch klar ist, dass wir von Erbgut und Erziehung in einem komplizierten Wechselspiel geprägt werden. Unabhängig davon sind und bleiben unsere Kindheitsträume ein wichtiger Teil von uns. Niemand kann sie uns nehmen.

Ihren Kindheitsträumen sollte Ihr besonderes Augenmerk gelten, denn sie enthalten wichtige Botschaften für Ihren angestrebten Weg zur wahren Berufung. Hobbys und Interessen aus Kindheitstagen sind der Schlüssel für die Tür, die Sie öffnen wollen. Warum? Ihre Interessen und die Begeisterung für ein Hobby waren noch nicht gekoppelt an Verdienst und gesellschaftliche Anerkennung. Kindern ist es ziemlich egal, ob sich mit ihrem Hobby im Erwachsenenalter Geld verdienen lässt. Die Motivation für einen Berufswunsch entsteht aus tiefer Begeisterung und kommt aus dem Herzen.

In meiner Grundschulklasse standen bei den Jungen Feuerwehrmann, Polizist und Pilot im Ranking ganz oben. Die Mädchen wollten Lehrerin, Schauspielerin oder Sängerin werden. Und wie war es bei Ihnen? Für was haben Sie als Kind gebrannt? In welches Hobby konnten Sie sich stundenlang versenken und die Welt um sich herum vergessen?

Mein Bekannter Frank war als Jugendlicher fasziniert von dem Kinofilm »Die Farbe des Geldes«, in dem Paul Newman einen gealterten Poolbillard-Profi spielt. Der Film lief Mitte der 1980er-Jahre in den Kinos, und Frank war seitdem begeistert vom Billardsport und träumte davon, eines Tages sein eigenes Billard-Café mit der typisch klassischen Einrichtung im amerikanischen Stil zu führen. Er träumte von einem Ort zum Spielen, mit Cocktailbar und kleinem Restaurant. »Mich hat diese Idee nie losgelassen«, erinnert sich Frank. Zusammen mit seiner Frau Jeanie arbeitete er in der Schweiz und in Süddeutschland einige Jahre in der Gastronomie, bevor er vor wenigen Jahren endlich sein Billard Sport Casino für Dart, Kicker und Billard eröffnen konnte. Das Café ist ein beliebter Treffpunkt für Stammgäste und Nachtschwärmer. »Ich war in all den Jahren immer fest davon überzeugt, dass ich meinen Traum leben kann. Wer ihn mit Leidenschaft verfolgt, kann ihn auch verwirklichen«, sagt Frank.

Der Blick zurück in unsere eigene Vergangenheit ist erkenntnisreich und spannend zugleich. Denn wenn Sie sich etwas näher damit befassen, ploppen längst vergessene Bilder in uns auf. Da war doch diese Kindersendung, die Sie mit groß aufgerissenen Augen verfolgt haben. Oder das Kinderbuch, das Sie so gefesselt hat, dass Sie darüber das Abendbrot und erst recht die Schularbeiten vergessen haben. Der malenden Tante haben Sie bei ihren Besuchen ein Loch in den Bauch gefragt, weil Sie wissen wollten, wie ihre Bilder entstehen und wie sie die Farben auswählt. Über ein bestimmtes Land und seine Menschen wollten Sie vielleicht schon als Kind alles erfahren, was der zur See fahrende Vater erzählen konnte.

Sabine Keiner: »Es lohnt sich, gedanklich zurückzureisen. Wir können unsere Eltern fragen, wenn sie doch da sind, oder Freunde aus der Schulzeit. Das erleichtert den Prozess des Erinnerns.« Schreiben Sie Ihre Kindheitsträume auf, zum Beispiel in Ihr Ressourcen-Check-Heft. Diese Erinnerung bringt oftmals wegweisende Erkenntnisse, weil aus ihnen hervorgeht, warum bestimmte Bücher, Filme und Menschen eine große Faszination auf Sie ausüben. Nicht selten gibt es ein Schlüsselerlebnis, das uns wie ein Strahlen den Weg zeigt, den wir betreten sollen. Ein Wort oder ein Erlebnis, und es macht plötzlich »Klick« im Kopf. Ja, das ist es!

Erst beim Schreiben dieses Buches wurde mir mein eigener Kindheitstraum gewahr, der so viele Jahrzehnte fest verschlossen in mir schlummerte. Bücher hatten mich schon immer fasziniert, und ich tauchte verzückt in die Geschichten von Astrid Lindgren, Erich Kästner und Hans Christian Andersen ein. Das waren in den 1970er-Jahren die für mich angesagten Kinderbücher, die auch heute noch eine kleine Ecke in meinem Bücherregal belegen. Mit elf Jahren entschloss ich mich, unter die Autoren zu gehen. Ich heftete mehrere Bogen Papier zusammen und malte eine finster dreinblickende Gestalt mit Stoppelbart auf das Buchcover aus Pappe. Ein Krimi sollte es werden, doch bei Seite 4 ging mir der Stoff aus. Die ausgedachte Handlung war doch zu kompliziert. Krimis lagen mir nicht, stelle ich mit kindlicher Ernüchterung fest. Ich beschloss zu warten, bis mir spontan eine andere Geschichte einfiel, ein bemerkenswertes Erlebnis, das ich der Nachwelt hinterlassen wollte. Meinen wahr gewordenen Kindheitstraum halten Sie gerade in der Hand.

Maike Brunk

© Beatrice Hermann

Von der Software-Vertrieblerin zur Anbieterin von individuellen Hafenrundfahrten

Seit 2007 organisiere und moderiere ich individuelle Stadt- und Hafenrundfahrten in Hamburg. Die Elbinsel Wilhelmsburg war damals mein erstes Ziel, daher der Firmenname »Elbinsel-Tour«. Jährlich sind es 130 Touren – vom Betriebsausflug über Familienfeiern bis hin zu Gruppen. Ich habe mehr als 50.000 Gäste aus aller Welt durch den Hafen begleitet. Meine extremste Tour hatte ich beim G-20-Gipfel in Hamburg. Ich erhielt telefonisch die Anfrage vom Auswärtigen Amt in Berlin, ob ich die First Ladys durch den Hafen schippern kann. Ich hätte im Leben nie damit gerechnet, dass ich irgendwann mal Professor Sauer und Mister May als Gäste an Bord begrüßen würde.

Ich bin mit fünfunddreißig Jahren ins kalte Wasser gesprungen. Schon lange davor hatte sich in mir das Gefühl aufgebaut, dass mir der Job als Angestellte im Software-Vertrieb für Dokumenten-Management und Workflow-Systeme keinen wirklichen Spaß mehr machte. Im Büro sitzen, Kaltakquise machen und die IT-Abteilungen großer Firmen abtelefonieren – das fand ich ziemlich frustrierend und eintönig. Das entsprach nicht meiner Natur. Ich blühte nur auf, wenn ich im direkten Kundenkontakt auf Messen war. Ich wusste immer: Das, was ich hier mache, ist nicht perfekt. Ich funktioniere, bin aber ohne viel Motivation dabei. Abends saß ich frustriert zu Hause und dachte: Morgen muss ich schon wieder los!

Damals hatte ich ein großes Beratungsprojekt bei einem Kreuzfahrtanbieter in Hamburg. Ich bin dort über drei Monate ein- und ausgegangen, und in mir wuchs der Wunsch, Managerin von einem Kreuzfahrtschiff werden. Das Tagesgeschäft fand ich reizvoll: Menschen eine schöne Zeit zu bereiten und dafür die Organisation zu machen – das hätte mich begeistert.

Jetzt brauchte ich mal Klarheit und Wahrheit. Also buchte ich über das Wochenende ein Berufsfindungsseminar mit fünf weiteren Personen. Wir haben gegenseitig unsere Persönlichkeit analysiert und bei den anderen über die Stärken und Schwächen diskutiert. Am Ende hat mir die Berufsfinderin tatsächlich eine Berufsbeschreibung aufgeschrieben, die exakt dem entspricht, was ich heute mache. Da stand natürlich nicht drüber: Maike soll jetzt Hafenrundfahren machen! Es war vielmehr ein Tätigkeitsprofil mit einer Auflistung von Faktoren, die ich brauche, damit ich im Beruf zufrieden bin und meine Motivation wiederfinde. Es ging darum herauszufinden, für welchen Job ich gern morgens aufstehe. Die Berufsfinderin stellte mir vor allem eine sehr wichtige Frage: Was hat mich schon als Kind fasziniert und ist mit der Zeit in den Hintergrund geraten?

Die Antwort darauf war einfach: Mein Opa war Lehrer wie alle bei uns in der Familie, aber nebenbei arbeitete er als Reiseleiter für Senioren. Das fand ich schon immer total spannend! Mein Kindheitstraum war damals, dass ich Reiseleiterin werde und mit dem Mikrofon vor den Leuten stehe. Das ist aber komplett aus meinem Fokus geraten. Und nun hatte ich die Berufsbeschreibung in der Hand und parallel mein Beratungsprojekt bei dem großen Kreuzfahrtanbieter in Hamburg. Da dachte ich mir, dass Tourismusbetriebswirtschaft der Zweig sein könnte, mit dem ich weiterkomme. Mir war klar, ich will die Branche komplett wechseln und mir ein neues Fundament schaffen. Also habe ich mit einem Fernstudium begonnen, um auch gedanklich in neue Kanäle zu kommen.

Just, als ich nach drei Jahren fertig war, hatten wir unsere Firmen-Weihnachtsfeier im Hamburger Hafen. Das war im Dezember 2006. Zu späterer Stunde stand ich mit dem Kapitän unserer Hafenrundfahrt am Tresen. Er holte seinen selbstgebrannten Schnaps raus, und ich wurde redselig. Ich erzählte ihm von meinem Fernstudium und meiner Sehnsucht, was anderes zu machen als den IT-Job. Und dann berichtete dieser Kapitän von seiner Idee, Hafentouren in entlegene Ecken anzubieten. Er und sein Kompagnon wüssten jedoch nicht, wer das umsetzen kann. Es machte ganz laut Klick in meinem Kopf! Das könnte genau das sein, was ich machen möchte! Tourismus, Hafen und Schifffahrt haben mich immer schon begeistert. Plötzlich passten alle Puzzleteile zusammen.

Aber es köchelte erst einmal nur im Hintergrund – bis ich ein paar Monate später mit meinem Chef in einem Kundenmeeting bei einem bekannten Kreuzfahrtanbieter war. Ich erzählte begeistert von meinem frischen Abschluss in Tourismus-BWL mit Schwerpunkt Kreuzfahrt. Nun könne ich sie noch besser beraten. Meinem Chef ist alles aus dem Gesicht gefallen. Er wusste nichts von meinem Fernstudium und fühlte sich hintergangen. Er warf mich hochkant raus, mit einer Kündigungsfrist von vier Wochen.

Heute sage ich: Das war der Tritt, den ich gebraucht hatte, um mich zu trauen, endlich mein eigenes Ding zu machen. Ich schrieb einen Businessplan und stellte mich an die Hamburger Landungsbrücken, um Umfragen zu machen. Ich wollte herausfinden, was die Menschen an den Hafenrundfahrten mögen und in welche eher unbekannten Ecken sie gern einmal mit dem Schiff fahren würden, wie zum Beispiel Wilhelmsburg.

Es gab niemanden in meinem Freundes- und Bekanntenkreis, der meine Idee unterstützt hat. Im Gegenteil, alle haben mir abgeraten. In der Familie gab es völlige Ablehnung. Ich komme aus einer Lehrerfamilie, bei der Sicherheit absolut im Vordergrund steht. Meine Eltern gaben mir sehr deutlich zu verstehen, dass sie mein Vorhaben schwierig fanden. Das kippte nach den ersten positiven Zeitungsartikeln jedoch schnell. Meine Eltern sind inzwischen meine größten Fans, und mein Vater verteilt fleißig meine Visitenkarten.

Die Zeitungsartikel habe ich meiner Berufsfinderin zu verdanken, die mich als Positivbeispiel auf ihre Internetseite gesetzt hatte. Sie selbst schrieb Gastbeiträge und Kolumnen zum Thema Berufswechsel. So hat mich die Presse gefunden. Stern, Spiegel,

Die Zeit, Süddeutsche Zeitung und andere Medien haben über die junge Frau berichtet, die Touristen den Hamburger Hafen erklärt. Das war für mich wie ein Sechser im Lotto. Für mein Business nutze ich mittlerweile intensiv Twitter und erhalte über diesen Kanal viele neue Aufträge. Ich hätte nicht gedacht, dass das Posten von schönen Hafenbildern und lustigen Begebenheiten so erfolgreich ankommt.

Mein Konzept ist, dass ich nicht den Hafen mit platten Döntjes und längst bekannten Zahlen verkaufe. Klischees will ich nicht bedienen. Ich lege Wert darauf, mit meinem Mikrofon direkt bei den Gästen zu sein, um auch kleine Dialoge einzubauen. Ich erzähle keine abgedroschenen Geschichten von krummen Bananen und plattgedrückten Schollen, sondern wahre Begebenheiten aus dem Hafen, die wenig bekannt sind. Beispielsweise von beeindruckenden Persönlichkeiten, die dort gelebt haben.

Ich hatte in der ganzen Zeit der Selbstständigkeit nie den Gedanken, auf dem falschen Weg zu sein. Es gab keine dauerhaft schlechten Zeiten. Natürlich gibt es Tage, an denen ich denke, ein 9-to-5-Job wäre jetzt auch schön. Die Sommermonate gehören meinen Kunden, weil ich in einem Saisongeschäft tätig bin. Der Winter ist schwer, dann kommen die bangen Gedanken, ob das Geschäft wieder gut losgeht. Im Sommer muss ich eben den Winter verdienen.

Wie ich die Anfangszeit finanziert habe? Ich erhielt vom Arbeitsamt einen Existenzgründerzuschuss. Mir selbst habe ich ein Zeitlimit von einem halben Jahr gesetzt. Sollte ich bis dahin nicht auf sicheren Füßen stehen, wollte ich in den IT-Betrieb zurückkehren. Nach sechs Monaten konnte ich tatsächlich von den Einnahmen leben, ohne meine Reserven anzugreifen. Ein dickes

Polster hatte ich ohnehin nicht. Meinen Lebensstandard habe ich in dieser ersten Zeit der Selbstständigkeit konsequent runtergeschraubt und alle flexiblen Kosten eingespart. Heimsport statt Fitnessstudio und Bus statt eigenem Auto. Das geht alles. So hatte ich ausreichend Geld für die Investitionen wie eine neue Website und mein Marketingmaterial.

Wir sollten uns erinnern, was uns früher als Kind und Jugendliche fasziniert hat und welchen Job wir gern gemacht hätten. Als wir noch ganz unbedarft waren. Ganz unabhängig von dem Geld, das man damit verdienen kann, und von dem Ansehen des Berufs. Es ist wertvoll, sich einzelne Situationen und Momente vor Augen zu führen und sich an den Kindheitstraum zu erinnern. Wofür haben wir mal gebrannt? Mir hat der Gedanke immer sehr geholfen, dass eine Tätigkeit mich so begeistern muss, dass ich dafür morgens gern aufstehen würde. Ein Job, der sich gar nicht wie Arbeit anfühlt. Ich habe ihn gefunden.

Ich kann nicht mit Sicherheit sagen, ob ich diesen Job noch zehn Jahre mache. Wenn sich irgendwo hinter dem Deich an der Nordsee ein schickes Haus findet, eröffne ich vielleicht ein Bed and Breakfast. Wer weiß, was mir das Leben noch bietet? Das ist doch das Schöne, dass man als Selbstständige für sich und sein Leben flexibler wird und nicht mehr in diesen starren Lebensläufen steckt. Wie früher, als man einen Job gelernt hat und sein ganzes Leben in derselben Tätigkeit war. Ich merke das oft in Gesprächen mit Freunden und Bekannten, die starr sind und Angst vor Veränderung haben. Doch wer kein Risiko eingeht, ändert nichts.

Ich freue mich jeden Tag darauf, was heute passiert, welche spannenden Menschen ich treffe und was für mich unverhofft um die Ecke kommt.

Verhinderer und Blockaden

»Ich will ja, aber ich weiß nicht wie!« Kommt Ihnen dieser Satz bekannt vor? Eine innere Blockade versperrt den Zugang zur Tür, die Sie doch so gern öffnen wollen. Denn dahinter liegt der Weg zu Ihren Traumziel. Dieser Pfad führt geradeaus, das wissen Sie, doch Sie drehen sich im Kreis. Die Antwort auf drängende Lebensfragen bleibt aus, egal, wie lange und oft das Gehirn zur Hochleistung angetrieben wird. Andere Menschen ziehen selig an Ihnen vorbei und gelangen scheinbar mühelos zum Ziel, nur Sie kleben auf der Stelle. Frust und Verzweiflung stellen sich ein, gefolgt von einer tiefen Resignation. Selbst beim Spaziergang in der Natur fließt kein klarer Gedanke aus Ihnen heraus. Was ist da los? Die gute Nachricht: Dieser Zustand ist normal und muss nicht ärztlich behandelt werden. Für die Umsetzungsnot Ihrer vielen Ideen gibt es unterschiedliche Gründe.

Allen gemeinsam ist eine zentrale Frage, die über uns schwebt wie eine dunkle Wolke: »Was hindert mich daran, meinen Weg zu gehen?« Um diese Wolke beiseiteschieben zu können und in die befreiende Handlung zu kommen, ist ein ehrlicher und schonungsloser Blick nach innen notwendig. Denn dort finden wir die Verhinderer in der Gestalt von Blockaden, Ängsten und inneren Antreibern. Sie sind Puzzleteile unserer Persönlichkeit – nur leider so manches Mal hinderlich für die Umsetzung von Plan B in unserem Leben. Trotzdem ist ein liebevoller Umgang mit ihnen wichtig, schließlich geht es nicht darum, die Verhinderer – und damit unsere Persönlichkeit – zu verurteilen. Um sie sicht- und fühlbarer zu machen, beschreibe ich sie kurz.

Glaubenssätze und Erwartungen

In Kapitel 1.6 habe ich beschrieben, wie aus ausgesprochenen und unausgesprochenen Erwartungen innere Antreiber und Glaubenssätze entstehen. Glaubenssätze führen ein Eigenleben in unserem Kopf, sie sind dafür verantwortlich, wie wir unser Umfeld wahrnehmen und wie wir die Dinge bewerten. Negative Glaubenssätze wirken als Bremse und können uns bei der gewünschten Entfaltung behindern. »Das schaffe ich nicht«, »Ich verdiene nichts anderes« oder »Das kann ich nicht« – solche Glaubenssätze haben eine negative Kraft, weil sie enge Grenzen setzen.

Erwartungen von anderen und Erwartungen an uns selbst, die oft eng mit Glaubenssätzen verknüpft sind, können unseren Entwicklungsweg blockieren. Allzu oft sind gerade die Erwartungen, die wir an uns selbst haben, extrem hoch. Wir können sie praktisch nicht erfüllen. Solche Erwartungen belasten uns und geben uns das Gefühl, rund um die Uhr funktionieren zu müssen. Wir stehen unter hohem Druck und ständiger Anspannung, die krank machen kann.

Nährboden für diese Erwartungen sind oftmals Vergleiche mit anderen Menschen. Die Nachbarin fährt ihre Kinder jeden Morgen zur Schule und holt sie wieder ab. Eine »gute Mutter« tut dies eben, damit die Kinder sicher die Schule erreichen. Das zeugt von Verantwortung, signalisiert Ihnen die Erwartungs-Hirnzelle. Sie wollen sich nicht nachsagen lassen, dass Ihnen das Wohl ihrer Kinder unwichtig ist, und machen es der Nachbarin gleich. Ihre Erwartungen an sich selbst orientieren sich somit am Leben anderer. »Meine Erwartung an mich, im Job besser zu sein als meine Teamkollegen, haben mir sehr zugesetzt. Ich fühlte mich so, als wenn ich mir selbst die Peitsche gäbe. Diese hohen Erwartungen im Beruf waren meine Antreiber. Ständig war ich gehetzt und im Optimierungswahn«, erinnert sich Bianca. Erst die Gespräche mit einem Coach zeigten ihr ihre Verhaltensmuster auf, und es gelang ihr, sich aus der Tretmühle zu befreien.

Genauso verhält es sich mit Erwartungen, die von anderen an uns herangetragen werden. Ehe wir uns versehen, sind wir in allen möglichen Rollen gefangen, die wir meinen bedienen zu müssen. Mutter, Vater, Schwester, Bruder, beste Freundin oder bester Freund, aufopferungsvolle Tochter, liebevoller Sohn – diese Liste ließe sich weiter fortführen. Die Erwartungen abschütteln, loslassen, die Angst, jemanden zu enttäuschen, in den dunkelsten Winkel eines Waldes schicken: Das wäre die ideale Lösung für mehr Ich und Entspannung. Nobody is perfect! »Man kann die Antreiber in einem Coachingprozess mit psychologischer Innenschau herauslösen und mit ihnen verhandeln«, lautet der Tipp von Sabine Keiner.

Ängste

Ängste tummeln sich auf einer anderen Spielwiese. Der Blick hinter die Fassade zeigt uns, welche Ängste sich startklar gemacht haben, um unseren Schritt in die noch unbekannte Welt zu sabotieren. In der einen Ecke wartet die Angst vor Versagen darauf, uns mit ihrer lauten Stimme zurückzuhalten. Daneben hockt die Angst vor zu hoher Belastung, weil wir meinen, den Plan B neben unserem Beruf in Angriff nehmen zu müssen. Sie ist bereit zum Sprung, wenn in unserem Kopf auch nur der zaghafteste Gedanken an unseren neuen Sehnsuchtsort auftaucht. Eine große Macht hat auch die Angst vor Ablehnung durch Freunde, Familie und Arbeitskollegen, wenn wir den Aus- oder Umstieg konkret in Angriff nehmen wollen. Was werden sie sagen? Wie reagiert der Partner, der im Job auf Kontinuität setzt? Werden meine Arbeitskollegen mir in den Rücken fallen und über mich lästern?

Ängste sind äußerst vielfältig. Es gibt sie in allen Schattierungen und Ausprägungen. Und sie sind Teil unserer Persönlichkeit. Sie auszublenden und ihre Existenz zu verleugnen wäre der falsche Weg, denn Ängste sind hartnäckig, und wenn wir sie verdrängen, kommen sie umso machtvoller wieder zurück und stimmen ein noch lauteres Klagelied an. Ich habe gelernt, sie ernst zu nehmen und mit ihnen als einem eigenständigen Teil von mir zu verhandeln. »Hey, komm her und zeig dich! Was willst du von mir?« Diese Methode mag sich seltsam anhören, funktioniert jedoch immer. Wenn wir unseren Ängsten mutig begegnen, haben sie keinen Einfluss mehr auf unsere Gefühle und schwächen uns nicht mehr.

Es ist hilfreich, die Angst durchschaubar zu machen, damit sie wie eine Seifenblase zerplatzt. Zum Beispiel, indem Sie den befürchteten Worst Case mit einem klaren Blick auf die Realität gedanklich durchspielen. Was ist das Schlimmste, was passieren könnte? Wie wahrscheinlich ist es, dass der Worst Case eintrifft? Was wäre, wenn er eintreffen würde? Wie genau sieht der Worst Case aus? Ein Ergebnis dieser Übung dürfte sein, dass es sehr unwahrscheinlich ist, dass der Worst Case eintrifft. Und wahrscheinlich stellt sich heraus, dass das Schlimmste, was eintreten könnte, letztlich gar nicht so schlimm ist, dass Sie es durchaus verkraften würden.

Blicken Sie der Angst ins Auge, prüfen Sie mutig ihre Botschaft, betrachten Sie ruhig das Ergebnis, und dann atmen Sie tief durch!

Jammern statt Handeln

Viele Menschen werden nicht müde, über ihren langweiligen Job und den ungerechten Chef zu jammern. Sie können abendfüllend über ihr Leid klagen und mit sauertöpfischer Miene auch dem fröhlichsten Gesprächspartner die Laune verderben. Jammerer stehen aus ihrer Sicht auf der Schattenseite des Lebens, daran kann auch eine Gehaltserhöhung, der erfolgreiche Abschluss eines Projektes oder das Lob des Abteilungsleiters nichts ändern. Die negativen Aspekte ihres Berufes überwiegen. Ihre Unzufriedenheit teilen sie mit Kollegen, es bilden sich »Jammer-Clans«, die in den Fluren zusammenstehen und in der Kantine ihren festen Platz haben.

Psychologen sagen, dass Jammern in Maßen erlaubt ist, weil es hilft, den Druck abzulassen und sich von anderen verstanden zu fühlen. Zu jammern hat eine befreiende Wirkung. Allerdings sollte das Jammertal auch einmal verlassen werden. Immer nur zu jammern ist keine Dauerlösung für Probleme im Job.

Fakt ist, dass jeder auf dem Stuhl sitzt, den er sich ausgesucht hat. Sie haben den Job, den Sie für sich gewählt haben, daher liegt es in Ihrer Verantwortung, diesen Rahmen zu ändern. Sie haben die Wahl und die Entscheidungsmacht, Ihrem Chef die Kündigung auszuhändigen und Ihre Stifte, Blöcke und Schokoriegel aus dem Schreibtischcontainer in einem Karton nach Hause mitzunehmen. Ihr Chef ist nicht schuld an Ihrem Jammertal, auch wenn Jammerer ihm bevorzugt den Schwarzen Peter zuschieben.

Es gibt einen Weg heraus aus dem Jammertal: Zunächst ist es wichtig zu erkennen, dass Sie sich mit dem Jammern in einer passiven Rolle befinden, die keine Veränderung zulässt. Treffen Sie die Entscheidung, aktiv zu werden, selbst Verantwortung zu übernehmen. Lassen Sie in die Negativfilme in Ihrem Kopf rosarote Wolken gleiten und suchen Sie nach Lösungen. Handeln statt jammern fördert die eigene Entwicklung und zeigt neue Perspektiven auf. Jeder darf sein Leben so gestalten, dass es zu ihm passt und seinen Herzenswünschen entspricht.

Die eigenen Werte leben

Werte geben Orientierung und Halt. Sie bestimmen unser Handeln und sind ein Navigator durch unser Leben. Werte sind wie unsere Persönlichkeit einzigartig und geprägt durch unser soziales Umfeld, Erfahrungen und die individuelle Geschichte des Lebens. Jeder von uns hat Werte, die sein Privatleben prägen, und Werte, die auf seinem Berufsweg wichtig sind. Sie sind eine innere Richtschnur, nach der wir uns ausrichten.

Der eine oder andere bringt den Begriff »Werte« mit deutscher Spießigkeit in Verbindung. Die alten Tugenden unserer Großeltern, wie Fleiß, Treue, Höflichkeit und Pünktlichkeit, klingen wenig sexy, würde die heutige Generation flapsig formulieren. Dabei hatten Werte schon immer ihre Gültigkeit, weil sie das familiäre Zusammenleben und die Verpflichtungen der Sippenmitglieder regelten. Werte sorgen für Ordnung – und feiern in unserer Gesellschaft wieder ein Revival. Werte wie Respekt und Rücksicht genießen mittlerweile gesellschaftliche Anerkennung und gelten auch bei jüngeren Menschen als unverzichtbar, denn diese Verhaltensweisen sorgen dafür, dass Menschen besser miteinander umgehen.

Neben den allgemeinen gesellschaftlichen Werten hat jeder Mensch seine persönliche Wertehierarchie. Unsere Werte bestimmen unser Handeln, und auch unsere berufliche Entscheidungs-findung hängt stark davon ab, welche Werte uns wichtig sind. Wer den Wert Selbstbestimmung in seinem beruflichen Kontext an erste Stelle setzt, dürfte wenig Freude in einem Job haben, in dem er nach strikten Vorgaben ohne persönliche Einflussnahme seine Arbeit verrichten muss.

Kennen Sie Ihre persönlichen und beruflichen Werte? Sie sind die Grundlage für den Abdruck, den wir im Leben hinterlassen wollen. »An den Werten messe ich mich und mein Verhalten. Es ist wichtig, immer wieder zu schauen, ob ich meinen Werten treu geblieben bin«, betont Sigrun John.

Bevor ich in meine Selbstständigkeit startete, hatte ich eine recht unklare Definition meiner Werte. Ich wusste nicht so recht, welchen beruflichen Weg ich einschlagen sollte. Doch lieber wieder einen Job in Festanstellung in einem Verlag, der mein Bedürfnis nach Sicherheit befriedigte — wohlwissend, dass durch den Stellenabbau in den Verlagshäusern die Sicherheit auf wackeligen Füßen stand —, oder sollte ich mir den Hut als eigene Chefin aufsetzen? Ich erarbeitete meine persönliche Wertehierarchie mit Unterstützung eines Coachs. »Freiheit« und »Unabhängigkeit« waren meine absoluten Spitzenreiter. Was ich im Herzen schon geahnt hatte, was mich wie magisch seit einiger Zeit auf eine bestimmte Spur zog, war der Wunsch nach Selbstständigkeit. Die Bestimmung meiner wichtigsten beruflichen Werte war die Initialzündung, die mich mit Schwung nach vorne brachte. Ich habe mich nicht daran orientiert, was richtig oder falsch ist.

Machen Sie sich doch einmal Gedanken über Ihre Werte. Was ist Ihnen privat und beruflich wichtig? Welche Werte stehen ganz oben auf Ihrer Liste? Ihre Werte sind Ihre Entscheidungshelfer bei der Umsetzung von Plan B.

- Welche Werte sind in Ihrem Leben aktuell von Bedeutung?
- Nach welchen Werten wollen Sie zukünftig leben?
- Welche drei Werte stehen auf Ihrer persönlichen Skala ganz oben?

Erstellen Sie eine Liste und nehmen Sie sich Zeit für diese Innenschau. Dabei gibt es keine Regeln. Es gibt keine richtigen oder falschen Werte. Jeder kann frei entscheiden, nach welchen Werten er sein Leben ausrichten möchte.

KAPITEL 3

SICH MUTIG AUF DEN WEG MACHEN

Ihr Plan B nimmt Gestalt an.
Sie kennen Ihre Talente und Fähigkeiten und haben sich
für eine positive und wertschätzende Haltung entschieden.
Sie wissen, wo Ihre Stärken und Schwächen liegen,
woran Sie vielleicht noch arbeiten müssen. Sie kennen Ihre
Wünsche und Träume und sind entschlossen, sie zu realisieren.
Machen Sie sich auf den Weg zu Ihrem Traumjob.

3.1 DER ERSTE SCHRITT

Sie stehen jetzt an einem Wendepunkt in Ihrem Leben, bereit zum ersten Schritt, den Blick fest gen Horizont gerichtet. Von nun an kann es nur vorwärts gehen, denn der Startknopf ist gedrückt, und die Signale stehen auf Grün. Die innere Bereitschaft für eine Umorientierung ist wie eine Blume zart gewachsen, doch der Stängel, der sie hält, ist noch dünn. »So geht mein Leben nicht weiter. Ich will etwas ändern«, sagt die eine Stimme ganz fest. Die andere aus der Bedenkenträger-Ecke ist putzmunter und erwidert: »Ist es wirklich so schlimm? Vielleicht bist du nur gerade in einem Stimmungstief.« Halt! Keine Chance für Wackelkandidaten mit Rückzugsgedanken. Es ist gut, sich die Gründe für einen beruflichen Neustart noch einmal vor Augen zu führen. Das stärkt den Rücken. Seien Sie sicher: Der Wind weht von hinten und treibt Sie sanft nach vorne.

Gute Gründe für einen beruflichen Neustart

Unzufriedenheit mit dem Job ist ein Grund, beruflich etwas zu verändern. Das repräsentative Ergebnis der Bevölkerungsbefragung »Jobzufriedenheit 2019« ergab, dass rund 50 Prozent der angestellten Mitarbeiter mit ihrem Arbeitsplatz unzufrieden sind und sich nach einem neuen Job umsehen wollen. Zu wenig Geld, zu wenig Wertschätzung, ein schlechtes Betriebsklima: All dies wirkt als Motivationsbremse. Bemerkenswert an diesen jährlichen Befragungen der Manpower Group zur Jobzufriedenheit ist ein leichter Anstieg des Arbeitsfrustes.

Jeder Job sollte die Möglichkeit bereithalten, das eigene Entwicklungspotenzial ausschöpfen zu können. Zu den Wohlfühl-Aspekten im Berufsleben gehören die Möglichkeiten der beruflichen Weiterentwicklung und Karrierechancen. Doch viele Arbeitnehmer fühlen sich ausgebremst und stehen in einer Sackgasse. Wenn auch Sie zu den unzufriedenen Arbeitnehmern gehören, wenn auch Sie das Gefühl haben, in Ihrem Job auf der Stelle zu treten, haben Sie einen sehr guten Grund, Ihren Plan B zielstrebig umzusetzen.

Ein weiterer Grund für einen beruflichen Neustart liegt in der menschlichen Natur: Lebensentwürfe sind einem Wandel unterworfen und verändern sich. Was vor zehn Jahren noch Spaß gemacht hat, langweilt heute. Die Routine ersetzt die Motivation, die uns getragen und beflügelt hat, als wir den Job angetreten haben. Auch die Prioritäten verändern sich. Vielen Arbeitnehmern ist über Jahre Geld und Karriere wichtig, Statussymbole wie Haus, Auto und Fernreisen bringen Erfüllung und Zufriedenheit. Mit der Gründung einer Familie rücken Sicherheit und der Wunsch nach Freiraum in den Vordergrund. Gerade für Frauen ist es eine Herausforderung, Kinder und Job unter einen Hut zu bringen. Im Laufe der Jahre wächst häufig der Wunsch, einen positiven Beitrag zum großen Ganzen zu leisten. Schaffe ich mit meiner Arbeit einen Mehrwert? Und macht mich das, was ich tue, wirklich glücklich? Diese Frage stellen sich viele Menschen in der Lebensmitte. Die Kinder sind aus dem Haus, die noch verbleibende Lebenszeit wird als endlich erkannt. Was mache ich mit dem Rest meines Lebens? Mache ich so weiter wie immer, oder wartet noch etwas anderes auf mich? Neu durchstarten ist jederzeit erlaubt!

Ein weiterer sehr wichtiger Grund für einen Jobwechsel ist die Gesundheit. Ein Job ohne Spaß, immer im gleichen Trott, entweder mit permanenter Überforderung oder gähnender Langeweile macht krank. Anzeichen sind die häufigen Krankmeldungen von Arbeitnehmern, die oftmals den Hintergrund haben, der Situation am Arbeitsplatz für einige Tage oder gar Wochen aus dem Weg zu gehen. Dieses Verhalten dient lediglich der Verdrängung und hindert daran, sich weiterzuentwickeln und sich ernsthaft mit einem beruflichen Wechsel zu befassen. Indizien für einen krank machenden Arbeitsplatz sind neben den häufigen Fehlzeiten körperliche Warnzeichen wie Rückenschmerzen, Nackenverspannungen, Schlafstörungen und Kopfschmerzen. Der Körper signalisiert ganz deutlich: Bitte aufhören!

Mit Ihrem Wunsch nach beruflicher Veränderung befinden Sie sich in bester Gesellschaft! Er ist weder ein Hirngespinst noch eine Eintagsfliege, die einfach weggepustet werden kann. Es geht um Selbstbestimmung und ein Leben nach Ihrer Wahl. Der Wunsch nach Neuorientierung ist der Wunsch nach Entwicklung. Ihre Seele will wachsen und aufblühen. Das Leben ist zu kurz für einen schlechten Job, der keine Freude macht.

Gehen Sie dem inneren Impuls nach und machen Sie sich auf den Weg. Öffnen Sie innere Türen und innere Fenster! Träumen Sie im XXL-Format und schauen Sie mutig und offen, welche Schätze in Ihnen schlummern. Es gibt mehr Dinge, die Sie können und die zu Ihrer starken, einmaligen Persönlichkeit gehören, als Sie vermuten. Lassen Sie alle Möglichkeiten zu, denn dies ist ein fließender Prozess ohne Begrenzungen. Lösen Sie sich von der Erwartung, dass Sie in möglichst kurzer Zeit alle Antworten auf Ihre Fragen finden und sofort losmarschieren müssen. Leichtigkeit und Offenheit sollen Sie auf dem ersten Meilenstein begleiten.

»Ein fester Plan funktioniert nicht. Gehen Sie los, dann kommen Dinge in Bewegung, dann kommen Menschen, die etwas erzählen«, rät Sigrun John.

Raus aus der Komfortzone und rein ins Leben

Wir alle kennen solche Menschen, die uns mit ihrer kraftvollen Ausstrahlung wie magisch anziehen. Ihr Geheimnis: Sie sind zufrieden und glücklich in ihrem Job und lieben das, was sie tun. Sie sind mit Leidenschaft, Herz und Überzeugung dabei. Diese Menschen sind in Bewegung und haben ihre Komfortzone verlassen, in der sich der immer gleiche Film abspielt, mit der immer gleichen Handlung und den immer gleichen Personen. Wer stets den gleichen Weg zur Arbeit fährt, jedes Jahr den gleichen Urlaub am Gardasee in der gleichen Pension bucht und immer das gleiche Gericht beim Griechen bestellt, steht mitten drin in seiner Komfortzone. Das Terrain ist bekannt und bietet Sicherheit – und ist frei von Überraschungen und Veränderungen.

Für Ihre berufliche Neuorientierung ist das hinderlich. Wie sollen in einer Komfortzone, die hermetisch abgeriegelt ist wie Fort Knox, neue Ideen fließen? Erst neue Erlebnisse führen auf noch unbekannte Wege und zu Inspirationen, die Sie für Ihren Plan B benötigen. »Es geht darum, neue Sachen auszuprobieren und mit Menschen in Kontakt zu kommen, die außerhalb meines gewohnten Umfeldes sind«, erklärt Sabine Keiner. Entdecken Sie die Welt außerhalb Ihrer Komfortzone mit offenen Augen und weitem Herzen. Lassen Sie das Ungewohnte zu und trauen Sie sich, die vielen Inspirationsquellen sprudeln zu lassen, sich davon bereichern zu lassen. Seien Sie offen für neuen Input, der bereichernd und beglückend zugleich sein kann.

Wie geht das? Werden Sie aktiv! Gehen Sie raus! Kommen Sie in Bewegung! Es gibt eine Fülle von Angeboten und Informationen, die nur darauf warten, entdeckt zu werden. Mit Leichtigkeit und Neugierde ohne Zwang und Druck.

Entdeckungstour durch Cafés und Kneipen

Gehen Sie in Cafés und Kneipen auf Entdeckungstour. Studieren Sie aber nicht die Speisen- und Getränkekarte, sondern das Material auf dem Tresen, in den Ständern und auf dem Tisch, der zum Ausgang führt. Magazine, Flyer und Programme sind eine wahre Quelle für Inspirationen. In Ihrer Stadt wird ein Dia-Vortrag über Neuseeland angeboten, ein Land, das bei Ihnen eine Saite zum Klingen bringt? Das Institut für internationale Politik lädt zu einem Abend ein, bei dem über Innovationen jenseits des Silicon Valleys diskutiert wird? Die Yogaschule bietet einen Wochenend-Workshop an? Ein Erlebnisveranstalter lockt mit einem Graffiti-Seminar? Melden Sie sich an, gehen Sie hin, probieren Sie aus, was Sie anspricht.

Schalten Sie den Verstand aus und achten Sie beim Blättern in den Heften und Flyern auf die spontane Reaktion von Herz und Bauch – auf Ihre innere Stimme. Lassen Sie sich frei von Begrenzungen inspirieren, nutzen Sie die Vielfalt der unterschiedlichen Angebote dafür, neue Wege auszuprobieren, die Sie bislang noch nicht beschritten haben. Gehen Sie mit einem offenen Blick und der Bereitschaft zur Kommunikation zu den Veranstaltungen.

Kommen Sie ins Gespräch mit den Menschen, die Sie treffen, suchen Sie bewusst den Austausch. Verlassen Sie Ihre Komfortzone für ein paar Stunden. »Wann haben Sie das letzte Mal etwas zum ersten Mal gemacht?«, fragt Sabine Keiner ihre Klienten.

Mit jedem Angebot, das Sie wahrnehmen, werden Sie mutiger, und die Gehirnzellen programmieren sich auf die gewünschte Neuausrichtung um. Mut kann man trainieren, dies ist die ideale Trainingseinheit und macht sogar noch Spaß.

Jobportale im Internet und Jobmessen

Jobportale im Internet, Jobmessen von privaten und öffentlichen Trägern, der regionalen Industrie- und Handelskammern sowie der Handwerkskammer und Branchen-Innungen dienen der ersten Orientierung. Welche Jobs gibt es? Welches Profil spricht Sie spontan an? Klicken Sie sich durch die Jobportale und checken Sie spielerisch die Stellenangebote. So erhalten Sie einen Überblick über die aktuellen Bewegungen auf dem Markt und über das, was gefordert wird.

Gerade für Menschen, die seit langer Zeit im Hamsterrad stecken und einen Tunnelblick entwickelt haben, kann dieser Überblick eine wunderbare Inspirationsquelle sein. Online-Stellenbörsen und die Stellenangebote in der regionalen Zeitung können Erstaunliches zutage fördern, dort finden Sie oft Jobs, von deren Existenz Sie bisher keine Ahnung hatten. Neulich las ich in einer Zeitschrift einen Artikel über den Beruf des Gartentherapeuten, der sich um Pflanzen und um Menschen kümmert. Die Fähigkeiten eines Gartentherapeuten sind in Kliniken, Pflegeeinrichtungen, Schulen und Kindergärten gefragt, die über einen speziell konzipierten Therapiegarten verfügen und entsprechende Angebote machen wollen. Das war mir neu, und Sie werden sicher ähnliche Aha-Momente haben, wenn Sie sich durch Jobportale klicken oder durch Stellenanzeigen blättern.

Jobmessen sind ebenfalls eine wunderbare Quelle der Inspiration. Schlendern Sie völlig absichtslos an den Ständen der Aussteller vorbei, nehmen Sie bei Interesse Material mit, sprechen Sie mit den Menschen vor Ort. Entwickeln Sie ein Gespür für Ihre Interessen und Wünsche, die wachgeküsst werden wollen. Denken Sie dabei an Ihre Träume aus der Kinderzeit, an Dinge, die Sie begeistert haben. Im Kapitel »Erinnerung an Kindheitsträume« haben Sie sich damit beschäftigt und vielleicht auch einiges dazu aufgeschrieben. Es ist alles in Ihnen gespeichert und möchte an die Oberfläche gelangen, damit Sie einen Job finden, der zu Ihnen passt.

Netzwerke und Verbände

Deutschland ist ein Netzwerk-Land und bietet für jedes Interesse verschiedene Foren. Sie müssen einem Netzwerk oder einem Verband nicht gleich beitreten, sondern können in der Regel die Treffen erst einmal als Gast besuchen. Die inhaltliche Ausrichtung divergiert ebenso wie die Konzepte. Um sich auf Ihrem Weg zu einem beruflichen Neustart inspirieren zu lassen, sind Netzwerke äußerst hilfreich. Hier knüpfen Sie Kontakte, begegnen einander vertrauensvoll auf Augenhöhe. Die Business-Netzwerke für Frauen sind zum Beispiel ideale Plattformen, um sich neugierig vorzuschnuppern und bei Vorträgen und Zusammenkünften den eigenen Horizont zu erweitern. Ich profitiere noch heute von den vielen schönen und für mich damals als Neu-Selbstständige lehrreichen Gesprächen mit den Frauen der Women's Business Lounge in meiner Heimatstadt Hamburg. Die Unterstützung bei meinem beruflichen Neustart und der Input für Karrierethemen waren Gold wert. Viele Frauennetzwerke laden renommierte Speaker aus Wirtschaft, Gesellschaft und Politik zu ihren Vortragsabenden ein, mit denen sich in diesem Rahmen locker ins Gespräch kommen lässt.

Dies gilt auch für gemischte Netzwerke und für Netzwerke für Männer. Männer netzwerken anders als Frauen, heißt es, weil ihnen das Selbstmarketing leichter fällt. Sie agieren zielorientierter und kommen schneller auf den Punkt als Frauen. Machen Sie sich Ihr eigenes Bild.

Business-Plattform XING

Auch in sozialen Netzwerken können Sie Kontakte knüpfen, die Sie auf Ihrem Weg zu Plan B weiterbringen können. Insbesondere die Business-Plattform XING mit ihrem umfangreichen Servicecharakter unterstützt als Inspirationsgeber: Sie können Mitglieder entdecken, Branchengruppen ausfindig machen und sich News anzeigen lassen. Mit wenigen Zeilen lassen sich Kontakte zu anderen XING-Nutzern herstellen, deren Profile Ihr Interesse wecken. Die unkomplizierte Community erleichtert auch direkte Telefonkontakte zu Mitgliedern, die man frank und frei über ihr Business befragen kann. Die Lebensentwürfe anderer Menschen können wertvolle Ideen für die eigene Entwicklung liefern. »Wichtig ist es, in dieser Phase offen zu sein für alle neuen Möglichkeiten. Wenn es darum geht herauszufinden, welche neue Richtung für mich die richtige ist, muss erst einmal der Horizont geöffnet und weit gemacht werden. Ob ich darin meine persönlichen Ziele sehe, spielt keine Rolle«, lautet der ultimative Rat von Sabine Keiner.

Esther Szolnoki

© Magdalena Jooß

Von der Lektorin zur Betreiberin eines eigenen Cafés

War das Café ein langgehegter Traum?
Ein eigenes Café zu haben – das war eher so eine Floskel, nie
konkret. Ich war Lektorin im Verlag. Ziemlich lange sogar, vierzehn Jahre. Mein Wunsch ist über Umwege entstanden, denn ich
war am Anfang glücklich im Verlag. Doch irgendwann konnte
ich mir nicht vorstellen, diese Arbeit bis zur Rente zu machen.
Ich hatte verschiedene Verlage von innen gesehen, und einen
weiteren Wechsel innerhalb der Branche wollte ich nicht. Über
ein Berufscoaching kam relativ schnell raus, dass für mich die
Selbstständigkeit was Gutes wäre. Alternativ die Arbeit in einem
kleinen Unternehmen, das mir eigenständiges Arbeiten ermög-
licht.

Hast du dich gleich mit den Alternativen beschäftigt?

Weiter beschäftigt habe ich mich mit diesen Ergebnissen nicht. Ein Zeichen, dass ich noch keine Lust hatte. Ich war noch nicht so weit. Als Lektorin habe ich viele Projekte über Kochbücher und gesunde Ernährung gemacht. Über meine Kontakte in der Food-Szene saß ich eines Abends an einem großen Tisch mit vielen unterschiedlichen Menschen. Es wurde gekocht, und es gab eine Lesung. Das war total nett! Die Atmosphäre war so inspirierend! Am Montag war ich wieder bei der Berufsfinderin und habe ihr gesagt, ich würde doch jetzt mal lieber ein Café aufmachen. Ihr großer Verdienst war, dass sie das nicht abgetan hat, sondern mich ermutigte, mir das genauer anzuschauen. Da strahlte ich endlich wieder.

Ist der Berufstraum zu zweit leichter umzusetzen?

Ich habe den Traum vom eigenen Café mit einer Freundin verwirklicht. Sie hatte auch schon lange diesen Wunsch, wir kannten uns aus der Verlagsbranche. Das passte ideal. Mittlerweile betreibe ich das Café Erika allein, sie ist Ende letzten Jahres ausgestiegen. Für mich war es aber eine große Hilfe, diese Idee gemeinsam umzusetzen. Allein hätte ich das nicht gemacht. Das hätte ich mir nicht zugetraut. Ein Café zusammen aufzubauen ist viel leichter, weil die Herausforderungen durch zwei geteilt werden. Man kann sich gegenseitig motivieren und schwere Phasen besser überstehen. Das Café gibt es jetzt seit zwei Jahren, und der Ausstieg meiner Freundin ist für mich in Ordnung. Ich weiß nun, dass ich es allein führen kann. Meine Entscheidungen treffe ich jetzt ohne Abstimmung. Wir haben ein gutes Netzwerk zu anderen Cafébetreibern, und dort gibt es auch einige, die sich allein selbstständig gemacht haben. Und das ging sehr gut. Es ist eine Frage der Persönlichkeit, ob ich meinen Traum allein verwirkliche oder mit einem oder mehreren Geschäftspartnern. Da kann ich keinen pauschalen Rat geben.

Gab es in der Anfangszeit viel Unterstützung?
Wir haben in der Münchener Cafészene sehr viel Hilfe und Rat erhalten. Damit hatte ich nicht gerechnet. Die Lernkurve im ersten Jahr nach der Eröffnung war sehr steil. Wir sind damals mit einer Naivität herangegangen, die schon atemberaubend war, aber die man wohl braucht. Ich glaube, sonst eröffnet man kein Café. Man lernt wahnsinnig viel Neues wie Catering und Marketing. Das macht mir Spaß. Ich möchte mich weiterentwickeln und nicht stehenbleiben. Wir backen und kochen alles selbst, möglichst bio und immer mit viel Liebe. Das Café Erika ist zu einem charmanten Tagescafé in München Sendling geworden. Wir haben einen guten Namen und viele Stammgäste. Darauf bin ich unglaublich stolz, und meine Familie ist es auch. Die Namensgeberin Erika ist meine Großtante, die unsere Familie immer mit leckerem Essen versorgt hat. Von ihr habe ich das Back-Gen.

War Geld für dich ein Hindernis, deinen Traum zu leben?
Wir hatten beide Rücklagen, die wir gemeinsam in das Café gesteckt haben. Dafür gründeten wir eine Gesellschaft bürgerlichen Rechts, eine GbR. Die restliche Summe kam durch private Kredite zusammen. Die Privatfinanzierung hat Vor- und Nachteile. Es gibt aber auch sehr gute Kredite von der Bank, gerade die KfW fördert Unternehmen, wenn ein guter Businessplan vorliegt. Ich glaube, man muss sich selbst eine Obergrenze für den Kredit set-

zen. Ich habe immer gesagt, dass ich nicht über 100.000 Euro
gehe. Das ist mein Limit. Ich bin nicht so ängstlich – andere würden diese Summe in ein Haus investieren. Selbst wenn das Café
nicht funktioniert und ich mit Schulden rausgehe und in die Pri-
vatinsolvenz: In ein paar Jahren wäre ich schuldenfrei, ich müsste
nicht mein Leben lang abbezahlen. Mit einem Café wird man
nicht reich. Ich verdiene wesentlich weniger als vorher im Verlag,
es gibt Monate, da muss ich jeden Cent umdrehen. Das ist auf
Dauer frustrierend, und das muss man aushalten können.

Hast du schon mal daran gedacht, das Café zu schließen?
Ich mache in jedem Fall weiter. Für meine Freundin war es eben
nicht die richtige Entscheidung. Ich bin jetzt einundvierzig Jahre
alt und will das jetzt machen! Ob ich noch in zehn Jahren ein
Café führen will, das weiß ich nicht. Aber ich bekomme so viel
positives Feedback. Wenn die Leute rausgehen und glücklich sind
und mir erzählen, dass mein Kuchen der weltbeste war, dann geht
das mitten ins Herz. Ich habe ja nicht nur das Café, sondern veranstalte auch Lesungen, Konzerte und Vorträge. Wenn die Bude
abends voll ist, dann stehe ich da und denke: Hey, das ist meins!
Es ist mein Baby, da kommt niemand von außen und erzählt mir,
wie ich was machen soll. Ich bin meine eigene Chefin. Ich komme aus einem großen Verlag und fühlte mich oft fremdbestimmt.
Als kreativer Mensch war ich den ganzen Tag mit Organisations-
kram beschäftigt. Das ist überhaupt nicht mein Ding.

Bedeutet ein eigenes Café, auf Freizeit zu verzichten?
In den ersten zwei Jahren haben meine Freundin und ich rund
um die Uhr gearbeitet. Das war auch der Grund, weshalb sie aus-

gestiegen ist. Mittlerweile habe ich acht Mitarbeiter, weil ich ja auch Buchhaltung machen muss. Das alles schafft man nicht allein. Es ist eine große Herausforderung, gute Leute zu finden. Ich stehe nicht mehr jeden Tag in der Küche und backe allein. Meine Mitarbeiter helfen mir. Es läuft jetzt so, wie es mir vorstelle. Ich wachse jedes Jahr, aber ich wünsche mir, dass es finanziell noch besser wird. Eine Schippe drauf wäre gut. In meinem Kopf dreht sich doch viel ums Café. Ein wichtiger Schritt ist, dass ich Leute habe, denen ich vertrauen kann und die in meinem Sinne arbeiten. Deshalb kann ich in diesem Jahr ein paar Tage in den Sommerurlaub fahren, ohne das Café schließen zu müssen. So ein hohes Arbeitspensum wie am Anfang, ganz ohne Pausen, kann man nicht dauerhaft durchhalten.

Mußestunden in der Natur

Ihr Herz ist offen, doch Ihr Kopf ist voll mit den Anforderungen des Alltags: Job, Kinder, Familie, Haus, vielleicht die Pflege der kranken Eltern. Wo ist da noch Platz für den Gedankenprozess, der für Ihre berufliche Neuorientierung wichtig ist? Mit einem Block in der Hand auf dem Sofa zu sitzen und tausend Fragen für den gewünschten Kurs zu beantworten mag nicht funktionieren, da Sie in Ihrer Alltagsumgebung einfach zu wenig Ruhe haben. Das Rezept in dieser Findungsphase lautet: Natur, Muße und Bewegung. Ein Dreiklang zum Atemholen und Innehalten. Klinken Sie sich aus. Schaffen Sie sich bewusst kleine Auszeiten und setzen Sie »Ich« ganz oben auf Ihre Prioritätenliste.

Gehen Sie in den Wald. Der Wind, der in den Bäumen rauscht, das leise Gemurmel eines Baches, der Geruch des Waldbodens, der Blick ins Grüne – all diese Sinneseindrücke senken den Stresspegel. Wissenschaftliche Untersuchungen zeigen, dass der Wald Ruhe, Ausgeglichenheit und inneren Frieden schenkt. Dazu genügen schon fünf Minuten. Gehen Sie im Wald spazieren, setzen Sie sich auf einen Baumstamm und schauen Sie absichtslos Löcher in die Luft. Achten Sie darauf, welche Sätze Ihnen wie von selbst in den Sinn kommen. Sie werden erstaunt sein.

Sie leben an der Küste und lieben das Meer? Oder Sie leben in den Bergen? Die Kreativität des Gehirns wird auch bei einem Strandspaziergang oder beim Bergwandern oder beim Spaziergang mit dem Hund oder bei der Radtour am Fluss entlang angekurbelt.

Wenn ich mich im Kreis drehe und nach einer Lösung suche, gehe ich an der Küste entlang, den Blick über das Meer in die Ferne gerichtet. Ich spüre nach wenigen Minuten, wie der Kopf frei und das Herz leicht wird. Die Gedanken fließen wie die Wellen zu meinen Füßen.

Meine Pensionswirtin in Schönau am Königssee schnürt ihre Wanderstiefel und kraxelt den Hausberg Jenner hinauf. »Beim Wandern habe ich die besten Gedanken und Ideen«, sagt sie. Sie können das Rezept »Natur, Muße und Bewegung« auf Ihre ganz individuelle Art auslegen. Die Kraftquelle Natur hat immer eine positive Wirkung auf Körper und Geist. Sie ist kostenlos und steht uns jederzeit zur Verfügung.

Momentaufnahme des Lebens

Sie sind entschlossen, etwas zu ändern, haben vielleicht schon Ideen, wohin die Reise gehen soll. Neben dem Blick nach vorne sollten Sie jedoch die Basis nicht vergessen. Für eine Kursänderung ist es hilfreich, sich über Ihre aktuelle Lebenssituation im Klaren zu sein. Eine Momentaufnahme Ihres Lebens ist eine wichtige Grundlage für weitere Schritte.

Dabei geht es vor allem um die tragenden Säulen Ihres Lebens, die Sicherheit, Stabilität und Halt bieten. Dies sind: Beruf, Partnerschaft, Geld, Gesundheit und Körper, das soziale Umfeld mit Freunden und Familie und die innere Haltung. Auch die Wohnung oder das Haus sind meiner Erfahrung nach eine elementare Lebensstütze, die bei aller Bereitschaft, etwas zu ändern, Halt bietet. Sind Ihre tragenden Säulen stabil? Sind sie fest im Boden verankert? Oder ist eine oder sind mehrere Säulen wackelig oder gar einsturzgefährdet? Gerade in der Startphase für den Plan B ist es ratsam, nicht sämtliche tragenden Säulen des Lebens mit dem

Hammer zu bearbeiten. Ihr Lebenshaus darf sich bewegen und verändern, die Säulen dürfen auch unterschiedlich stark ausgeprägt sein. Es muss jedoch noch genügend Stabilität haben, eine Schieflage mit drohendem Einsturz ist zu vermeiden.

Für die Momentaufnahme Ihres Lebens vor dem Hintergrund einer Neuausrichtung bieten sich folgende Fragen an, die das private und berufliche Feld beleuchten. Nehmen Sie Ihr Ressourcen-Check-Heft zu Hand und beantworten Sie die Fragen für sich. Sie können diesen Katalog nach Lust, Laune und Bedarf ergänzen.

• Wie sieht es in meiner Partnerschaft aus?
• Bin ich gesundheitlich fit?
• Empfinde ich Leere oder Sinnlosigkeit?
• Gibt es Dinge und Menschen, die mich überfordern?
• Gibt es Erwartungen von außen, die mich begrenzen und blockieren?
• Möchte ich mit meinem Plan B nur jemandem etwas beweisen?
• Welche Erwartungen habe ich an mich selbst?
• Welcher Worst Case belastet mich? Die Angst, unter einer Brücke schlafen zu müssen? Die Angst, mich zu blamieren? Wenn ich das Szenario zu Ende denke – wie hoch ist das Risiko tatsächlich?
• Habe ich ein gutes Netzwerk von Freunden und Bekannten?
• Bin ich bereit für eine Neuorientierung mit allen Konsequenzen für das Einkommen und den Status? Ist auch mein Partner dazu bereit?
• Bin ich bereit, für einige Zeit auf mein Einkommen zu verzichten, wenn es sein muss?

- Wie viel Zeit pro Woche möchte ich in meine Projektidee investieren?
- Bin ich bereit, Gegenwind von Freunden, Familie und Arbeitskollegen auszuhalten?
- Handle ich aus Verzweiflung und Dauerfrust?
- Was bedeutet mir aktuell meine Arbeit? Dient sie nur dem Broterwerb? Ist sie belastend oder erfüllend?
- Steckt mehr in mir, als ich gerade privat und beruflich leben kann?
- Wie steht es mit meinem Energielevel auf einer Skala von 1 bis 10? 1 steht für völlige Energielosigkeit, und 10 bedeutet, dass Sie Bäume ausreißen könnten.
- Wie deutlich sehe ich schon meinen neuen Weg auf einer Skala von 1 bis 10? 1 steht für völligen Nebel, 10 für das konkrete und klare Wissen, wie er aussehen soll.

Job-Analyse

Dies ist der Part, zu dem auch die Überschrift »Butter bei die Fische« passen könnte. Sie schauen aus der Vogelperspektive auf Ihren aktuellen Job, betrachten aufmerksam Ihr tägliches Tun, überlegen, wie Sie es für sich einordnen und bewerten. »Es geht darum herauszuarbeiten, was genau mir an meiner jetzigen Tätigkeit gefällt und was nicht. Gleichzeitig ist es sinnvoll, sich mit den persönlichen Werten und inneren Antreibern auseinanderzusetzen, damit ich weiß, was mir wirklich wichtig ist im Leben und welche Antreiber in bestimmten Kontexten mein Verhalten prägen«, formuliert es Sabine Keiner.

Nehmen Sie Ihr Ressourcen-Check-Heft zur Hand und schreiben Sie Ihre Antworten auf. Sie können die Liste bei Bedarf ergänzen.

- Was mache ich in meinem heutigen Job gern und warum?
- Wie viel Prozent meiner Tätigkeit verbringe ich mit Aufgaben, die mir Spaß machen?
- Wie viel Prozent meiner Tätigkeit besteht aus Aufgaben, die ich nicht mag?
- Was würde ich stattdessen lieber tun?
- Wie hoch ist die Routine in meinem Job, geschätzt in Prozent?
- Gefällt mir der Routineanteil im Job?
- Was belastet mich im Job am meisten?
- Welche Motive gibt es für eine berufliche Umorientierung?
- Welche Fähigkeiten sind in meinem aktuellen Job gefragt?
- Welche Talente und Kompetenzen werden nicht abgerufen?
- Mache ich die Arbeit nur wegen des Geldes?
- In welchem Umfeld arbeite ich?
- Wie ist das Verhältnis zu den Kollegen?
- Wie ist das Verhältnis zum Arbeitgeber?
- Gefällt mir die Unternehmenskultur?
- Stimmt der Job mit meinen Werten überein?
- Welche Antreiber und Glaubenssätze prägen meinen Arbeitsalltag?

Fantasiereise zum Ziel

Jede Reise hat ein Ziel. Meist steuern wir es bewusst an, wir können uns aber auch treiben lassen und es dem Schicksal überlassen, wo wir ankommen. Auch dann erreichen wir ein Ziel, aber möglicherweise sieht es anders aus, als wir erwartet haben. Wenn Sie sich nicht überraschen lassen wollen, ist es gut, ein Ziel vor Augen zu haben. Dies schafft Klarblick und dient der Orientierung. Wie wollen Sie Ihr Leben erfüllt und glücklich leben? Was brauchen Sie dafür?

»Die verborgenen Wünsche herauszufinden ist gar nicht so leicht für Menschen, die jahrelang funktioniert haben und fremdbestimmt waren. Sie müssen sich aus dem Hamsterrad lösen und ihre Wünsche und Bedürfnisse freischaufeln«, sagt Sabine Keiner. Wie können wir unsere Wünsche freischaufeln? Eine anerkannte und beliebte Methode ist die Fantasiereise. Die Bilder, die bei einer solchen Fantasiereise vor Ihrem geistigen Auge entstehen, geben neue Impulse, schärfen den Blick und vermitteln darüber hinaus ein angenehmes Gefühl.

Schließen Sie die Augen, lassen Sie Ihren Gedanken freien Lauf, holen Sie Ihre Wünsche und Bedürfnisse aus der Grauzone in die Farbwelt – so träumerisch einfach reisen Sie in Ihrer Fantasie. Nehmen Sie einige Fragen mit auf die Reise und denken Sie groß und weit. Stellen Sie sich vor, dass Sie jeden Weg wählen können, dass Ihnen sämtliche Türen offenstehen und sich dahinter all die Räume für Sie öffnen, die Sie sich wünschen. Simsalabim!

- Thema Work-Life-Balance: Wie sieht mein Leben jetzt aus? Wie soll es in drei oder in fünf Jahren aussehen?
- Was wollte ich immer schon einmal machen?
- Was war mein Herzenswunsch in meiner Kindheit?
- Was würde ich tun, wenn Scheitern ausgeschlossen ist?
- Was ist mein größter Traum?

- Wenn ich einen fliegenden Teppich hätte: An welche Orte würde ich fliegen?
- Wenn ich an meinem 80. Geburtstag eine Rede halte und auf mein Leben zurückblicke: Wovon möchte ich erzählen? Was möchte ich bis dahin noch umsetzen?

Die Antworten, die Sie bei Ihrer Fantasiereise gefunden haben, schreiben Sie auf. Sie können Ziele formulieren oder einzelne Etappen festhalten. Vielleicht möchten Sie ein Vision-Board erstellen, das Ihnen als Motivationsquelle dienen kann. Dafür schreiben oder zeichnen Sie Ihre Ziele oder Etappen jeweils auf Zettel, schneiden Bilder oder Sätze aus Zeitschriften aus oder verwenden Postkarten – was auch immer Sie mögen. All diese Elemente befestigen Sie auf einer großen Pappe oder an einer Pinnwand. Diese hängen Sie an einem Ort auf, an dem Sie sie täglich sehen.

Wenn Sie die Dinge gerne fest im Blick haben, können Sie auch einen Zweijahresplan oder einen Fünfjahresplan mit detaillierten Schritten und Zeitschienen anfertigen. Wo stehe ich in zwei Jahren? Wo will ich in fünf Jahren sein?

Wunschjob kreieren

Sie haben eine Momentaufnahme Ihres Lebens gemacht, die Job-Analyse vorgenommen und bei Ihrer Fantasiereise Ziele definiert. Gratulation! Das sind wichtige Meilensteine. Sie dürfen sich auf die Schulter klopfen. Ihr Füllhorn ist bis zum Rand mit neuen Anregungen, Ideen und Erkenntnissen gefüllt. Jetzt sind

Sie bereit, auf Grundlage des zusammengetragenen Materials Ihren Wunschjob zu kreieren. Mit den folgenden Fragen nimmt er Gestalt an:

- In welchem Umfeld arbeite ich? Arbeite ich draußen oder drinnen?
- Arbeite ich allein oder im Team?
- Sitze ich im Coworking Space oder im Homeoffice?
- Womit beschäftige ich mich?
- Wie sieht mein idealer Arbeitstag aus?

Ich habe bewusst auf die Frage verzichtet, die spätestens an dieser Stelle wie ein Orkan durch den Kopf wirbelt. »Kann ich damit genug Geld verdienen?« Diese Frage wirkt wie der K.-o.-Schlag im Boxring. Peng!, und Sie sind draußen, schütten das Füllhorn aus, würgen die Fantasiereise ab.

Vertrauen Sie darauf, dass Geld fließt und zu Ihnen kommt. Denn es gilt das Prinzip, dass alles wächst und Früchte trägt, worauf wir uns konzentrieren. Ist Ihre Gedankenwelt belegt von der Angst, mit dem Wunschjob unbezahlte Rechnungen zu produzieren, trifft dieser Fall ein. Wenn Sie im Mangel denken, ziehen Sie den Mangel an.

Eine gute Lehre bei meiner Suche nach meinem Traumjob war ein Gespräch mit einem befreundeten Coach. Ich hatte damals große Sorge, dass mir der Schritt in die Selbstständigkeit ein leeres Portemonnaie bescheren würde. »Denk gar nicht erst daran. Lass diesen Gedanken nicht zu und konzentriere dich nur auf den Erfolg, den du haben wirst, sonst betreibst du Selbstsabotage und stehst dir im Weg«, sagte mein Coach. Stimmt genau!

Kreieren Sie Ihren Wunschjob mit allen Sinnen und aller Freude am Flip-Chart, basteln Sie Collagen für das Vision-Board, hängen Sie bunte Zettel an eine Pinnwand. Kleben Sie sich Haftnotizen mit Schlagworten für den Traumjob auf den Spiegel, an das Cockpit im Auto, in die Frühstücksdose oder in die Sportschuhe. Egal wo, sie dienen der Erinnerung und Auseinandersetzung mit dem Thema.

In diesem Prozess ist es wichtig, die Ideen auf sich wirken zu lassen und sie einer kritisch-freundlichen Überprüfung zu unterziehen. Sie befinden sich in einem fließenden Prozess, nichts ist in Stein gemeißelt. Es dürfen mehrere Job-Ideen sein, die Ihr Herz begeistern und auf Ihrer Hitliste stehen. »Menschen neigen dazu, sich aus Unsicherheit und Angst für das Bekannte zu entscheiden. Um nicht nur in eine Richtung zu denken, ist das Sammeln von vielen Informationen hilfreich«, sagt Sabine Keiner. »Wer weiter das tut, was er schon immer getan hat, wird auch weiter das bekommen, was er immer bekommen hat. Ich sage zu meinen Coachees: Trauen Sie sich, eingefahrene Wege zu verlassen, und Sie werden staunen, was plötzlich möglich ist.«

Explodieren lassen

Laden Sie sechs bis acht gute Freunde oder Bekannte ein, die Ihnen Wertschätzung und Respekt entgegenbringen. Präsentieren Sie mit wenigen Worten Ihre Job-Idee oder die Ideen, mit denen Sie sich beschäftigen, und lassen Sie diese in der Runde explodieren. Sie präsentieren die Ergebnisse von alledem, was Sie sich zu Ihrem Plan B überlegt haben – frei von Kommentaren und Beurteilungen. Das ist die goldene Spielregel für diese Session. Die Freunde werfen nun ihrerseits spontan Ideen dazu, die verrückt und außergewöhnlich sein dürfen. Es gibt keine Tabus, jeder Einfall ist erlaubt. Was meinen Sie, wie viele erfolgreiche Geschäftsideen mit dieser Methode entstanden sind? In der Runde entstehen wunderbare neue Anregungen, die Sie sich notieren.

Das magische Papier

Möglicherweise haben Sie zwei oder sogar noch mehr Job-Ideen zusammengetragen. Oder Sie spielen mit dem Gedanken auszusteigen. Wie sollen Sie sich entscheiden? Bei der Entscheidung hilft Ihnen ein einfacher Trick. Das magische Papier liefert Ihnen die Antwort. Sie brauchen dafür nur ein paar DIN-A4-Blätter. So funktioniert es: Schreiben Sie auf jedes Blatt in großen Buchstaben eine Job-Idee. Pro Blatt eine Idee. Schenken Sie Ihre gesamte Aufmerksamkeit dem jeweiligen Traum, den Sie auf das Blatt schreiben. Legen Sie die Blätter anschließend mit der Schrift nach unten auf den Boden, sodass Sie nicht sehen, was draufsteht.

Nun lassen Sie los. Gehen Sie spazieren oder Kaffeetrinken, machen Sie sich ein paar schöne Stunden. Dann wenden Sie sich wieder den Blättern zu. Stellen Sie sich mit nackten Füßen auf eines der Blätter und spüren Sie zwei oder drei Minuten in sich hinein. Fühlt es sich leicht oder schwer an? Wie geht es Ihnen an diesem Standort? Spüren Sie eine Anspannung, oder sind Sie entspannt? Gibt es eine Farbe, die Sie sehen können? Wie ist Ihre Stimmung? Notieren Sie die Ergebnisse. Dann stellen Sie sich auf das nächste Blatt und fühlen auch hier in sich hinein. Nehmen Sie wahr, wie sich Ihre Empfindungen auf den einzelnen Blättern unterscheiden.

Es wird sich ein Favorit herauskristallisieren. Zum Schluss drehen Sie alle Blätter um und sehen Sie, welche Idee Sie ausgewählt haben.

Warum funktioniert das magische Papier? »Der Gedanke und das niedergeschriebene Wort sind Energien ähnlich wie Taten. Die Materie folgt dem Geist. So entstehen auch Gebäude, denn kein Architekt baut ein Haus ohne vorherige Vision. Energie ist also da, und ich nehme sie wahr. So finde ich die Antwort. Der Vorteil beim magischen Papier: Verstand und Kopf werden umgangen. Die Intuition und der Bauch kennen die Wahrheit«, erklärt Christine Färber. Die Personal- und Organisationsberaterin wendet diese Methode erfolgreich an. Sie hat mir ihre Mutmacher-Geschichte erzählt (siehe Seite 157).

Christine Färber

© privat

Als Unternehmensberaterin und Heilpraktikerin in zwei Welten unterwegs

Christine Färber ist eine Wandlerin zwischen zwei Welten. Das macht sie gekonnt und mit einem sicheren Gespür für ihre eigene Weiterentwicklung. Stehenbleiben, das gibt es für die vierundfünfzigjährige Münchnerin nicht. Sie lebt alle ihre Talente mit Freude und Dankbarkeit aus und fährt damit zweigleisig. »Wenn man sich selbstständig macht, ist es immer gut, wenn man ein zweites Standbein hat«, lautet ihre Überzeugung.

2016 war nach vielen Festanstellungen ihr Jahr für den Doppelsprung ins kalte Wasser. Sie gründete mit joycon ihre eigene Firma für Personal- und Organisationsentwicklung und eröffnete eine eigene Praxis für Naturheilverfahren. Die Heilpraktikerdichte in München ist extrem groß, und ihr war von vornherein klar, dass sich in dieser Branche keine goldene Nase verdienen lässt. Auch drei Jahre nach Gründung und trotz eines blühenden Kundenstamms macht das Heilpraktikergeschäft im Schnitt 20 Prozent ihrer Gesamteinnahmen aus. »Ich habe von Anfang an darauf vertraut, dass meine Kompetenz aus meiner alten Welt mich tragen kann«, sagt Christine Färber.

Ihre alte Welt – die ist bunt und eindrucksvoll. Man muss die Stationen kennen, um die Bedeutung ihrer beruflichen Lebensbrüche zu verstehen. Christine Färber hat eine Bilderbuchkarriere hingelegt, so würde man wohl sagen. Der Start als Verlagskauffrau in einem großen süddeutschen Verlagshaus mit einer konsequent-ehrgeizigen berufsbegleitenden Ausbildung ist beindruckend. Sie war die erste Personalreferentin im Verlag und entdeckte ihr Talent, mit Gruppen zu arbeiten. Es folgte die Ausbildung zur systemischen Management-Trainerin, durch die sie ein ausgezeichnetes Handwerkszeug für die Moderation und Konzeption von Workshops erhielt. Mit dreißig Jahren wechselte Christine Färber als Personalleiterin in ein amerikanisches Start-up-Unternehmen, weil der süddeutsche Verlag keine beruflichen Perspektiven bot. »Ich war damals sehr stolz, das geschafft zu haben. Karrieremachen war enorm wichtig für mich«, sagt sie rückblickend.

Die erfolgsverwöhnte junge Frau stürzte zwei Jahre später von der obersten Sprosse der Karriereleiter auf den harten Boden. Ungeplant schwanger und keine Chance auf Teilzeitarbeit im Unternehmen: Christine Färber stand plötzlich als alleinerziehende Mutter ohne jegliches Einkommen da. Wie sie diese Krise überwunden hat? »Ich habe immer Kraft und Stärke gehabt. Es gab nie den

Punkt, an dem ich nicht weiterwusste. Ich war immer überzeugt, dass es das Leben gut mit mir meint und dass ich etwas kann.«

Das, so sagt sie, ist eine wichtige Haltung für Veränderungsprozesse – die gewollt oder ungewollt angegangen werden müssen. Der tiefe Sturz in eine plötzlich ungewisse Zukunft brachte klare Gedanken hervor. »Ich stellte jetzt fest, dass ich mein Ding auch autonom tun konnte. Ich bin unabhängig, weil ich so viele Facetten in meinem Job kennengelernt habe«, sagt sie. Sie stieg um auf die freiberufliche Tätigkeit bei einer internationalen Personalberatung, leitete eigene Projekte und akquirierte große Kunden. Viele Reisen, viel Geld und immer im Funktionsmodus – irgendwann kam die Frage nach der Sinnhaftigkeit des eigenen Tuns. »Ich hatte den Anspruch, allen gerecht zu werden, und war im Dauerstress. Ein Zufallsbefund hat mich dann total wachgerüttelt. Es stellte sich aber heraus, dass der Tumor harmlos war«, erinnert sich Christine Färber.

Dennoch: Die Sehnsucht nach einer anderen, sinngebenden Beschäftigung war geweckt. Nur was? Ein Schlüsselerlebnis brachte die überraschende Antwort. Sie ging mit einem Freund spazieren, als dieser zu ihr sagte: »Du, stell dir vor, meine Tochter will Heilpraktikerin werden.« Das Wort flashte wie ein Blitz in den Kopf von Christine Färber. Heilpraktikerin! Das ist es! »Es hat Knall im Kopf gemacht, und ich wusste, was ich will«, erinnert sie sich. Eine längst verschüttete Idee aus Jugendzeiten, »etwas mit Medizin zu tun«, brach an die Oberfläche. Sie rief sofort eine Heilpraktikerschule an. Der Kurs hatte gerade begonnen – schon am nächsten Abend stieg Christine Färber voller Überzeugung ein. Keine 24 Stunden nach dem Knall. »Ich habe es aufgesogen und geliebt, das alles auf der Abendschule zu lernen.«

2016 hängte sie ihren Job bei der Personalberatung an den Nagel. Sie machte sich mit ihrer eigenen Personal- und Organisationsberatung joycon selbstständig und eröffnete zeitgleich ihre Praxis als Heilpraktikerin. »Ich lebe nach dem Prinzip der Freude, liebe beide Aufgaben und empfinde es als große Freiheit, die ich mir genommen habe.« Jetzt beflügelt sie ein neuer Plan, bei dem sie die Methodik aus der Personal- und Organisationsentwicklung mit Inhalten aus der Naturmedizin verbindet. Christine Färber hat eine Burn-out-Praxis und leitet Seminare, die sich beispielsweise mit dem Thema Selbstheilung beschäftigen. Wohl einzigartig in Deutschland bietet sie zudem eine Ausbildung zum Selbstheilungsberater an. »Es ist meine Berufung, mein Wissen weiterzugeben.« Christine Färber ist angekommen.

Ihr Rat lautet: Wenn du es wirklich willst und wenn du Hingabe, Leidenschaft und Ausdauer hast, dann überwinde deine Angst und beende deinen Selbstbetrug. Fang an!

»M–UT« – so lautet das Kennzeichen ihres Autos.

Die WOOP-Methode

Sie haben Ihre Wünsche aufgeschrieben, Ihr Vision-Board kreiert, Ihre Ideen notiert. Vielleicht sind Sie sich immer noch nicht ganz sicher, wohin Ihre Reise tatsächlich gehen wird. Die WOOP-Methode ist ideal dafür, Ihrem Plan B Leben einzuhauchen. Sie hilft dabei herauszufinden, was man wirklich will.

Die vier Buchstaben stehen für Wunsch (**W**ish), Ergebnis (**O**utcome), Hindernis (**O**bstacle) und **P**lan. Gabriele Oettingen, Professorin für Psychologie an der Universität Hamburg und an der New York University, entwickelte diese erfolgreiche Technik auf Basis ihrer jahrelangen Forschungen zu den Themen Zukunftsdenken und Selbstregulation. Einfach gesagt geht es darum, einem Wunsch die Hindernisse gegenüberzustellen. Das können Ängste sein, blockierende Glaubenssätze oder auch eingefahrene schlechte Angewohnheiten. Mit der positiven Visualisierung des Ergebnisses geben wir unserem Handeln einen richtungsweisenden Impuls. Die Hürden liefern die notwendige Energie, und der Plan unterstützt beim Ausräumen der Stolpersteine auf dem Weg.

WOOP-erfahrene Menschen schwärmen davon, wie unglaublich wirksam diese Technik ist. Sie besteht aus vier Schritten, die genau in dieser Reihenfolge absolviert werden.

1. **Wunsch**
   Identifizieren Sie einen Wunsch. In unserem Fall der Traumjob oder auch ein Zwischenschritt dorthin.

2. **Ergebnis**
   Wie würden Sie sich fühlen, wenn Ihr Wunsch Realität würde? Hierzu haben Sie im Kapitel »Wunschjob kreieren« einige Fragen beantwortet.

3. **Inneres Hindernis**

Was hält Sie davon ab, sich Ihren Wunsch zu erfüllen? Was ist das wichtigste innere Hindernis, das Ihnen im Weg steht? Es geht um innere Hindernisse, nicht etwas, das außerhalb von Ihnen liegt. Also zum Beispiel negative Glaubenssätze und andere Verhinderer (siehe Kapitel 1.6 ab Seite 52).

4. **Plan**

Was können Sie tun, um das Hindernis zu überwinden? Nennen Sie eine Handlung, die Sie ausführen können, oder einen Satz, den Sie sich sagen können, und zwar nach folgendem Schema: Wenn … (Hindernis), dann werde ich … (Handlung, um das Hindernis zu überwinden).

Was fehlt noch?

An Ihren neuen Weg sind bestimmte Anforderungen geknüpft. Ihre Fähigkeiten und Kompetenzen und Ihre persönlichen Eigenschaften sind Ihr Rüstzeug für den gelebten Traum. Prüfen Sie, ob Sie alle erforderlichen Qualifikationen mitbringen, um die Anforderungen souverän und mit Leichtigkeit zu meistern. Tauchen Sie noch einmal ein in die ehrliche Selbstanalyse, schauen Sie, welche Ressourcen vorhanden sind, ob und in welchen Bereichen Sie Ihre Schatztruhe auffüllen müssen, ob es vielleicht nötig ist, Ihren Horizont zu erweitern. Ein paar Anregungen seien hier genannt:

• Welche Kompetenzen und Talente bringen Sie für Ihren Wunschberuf mit?
• Welche Kompetenzen und Qualifikationen fehlen noch?

- Gibt es eine Fortbildung, die Sie machen können?
- Bietet sich ein Praktikum oder eine Hospitanz im Wunschberuf an?
- Können Sie einen Probetag einlegen, um Ihren Traumberuf besser kennenzulernen?
- Können Sie Unterstützer aktivieren, die Sie mit ihren Kompetenzen und ihrem Wissen bereichern können?

Meine beste Freundin Susanna arbeitet seit einigen Jahren drei Tage in der Woche als Dozentin für Schwedisch an der Universität Münster. Ihr macht es großen Spaß, ihr Wissen an die Studierenden weiterzugeben, und aufgrund ihrer erfrischend-fröhlichen Art ist sie äußerst beliebt. Ausgelöst durch eine Trennung und eine Sinnkrise hat sie beschlossen, sich neu aufzustellen, und suchte nach einem Job, in dem sie ihre Fähigkeiten vertiefen konnte. Nach intensiver Suche und vielen Gesprächen mit Freunden kristallisierte sich heraus, dass Susanna als selbstständiger Coach im Bildungswesen gute Erfolgsaussichten hat. Diese Dienstleistung wird sehr nachgefragt. Ihr Ressourcen-Check ergab, dass sie über ein hohes Maß an Empathie, Selbstmanagement, Kommunikationsfreude und der Gabe einer motivierenden Wissensvermittlung verfügt. Die Arbeit mit jungen Menschen empfindet sie als erfüllend. Als Coach braucht sie eine zusätzliche Qualifizierung, deshalb hat sich Susanna für einen staatlich anerkannten Fernstudiengang Coaching entschieden. Mit dem Zertifikat in der Tasche in Kombination mit ihren Talenten und ihrem umfangreichen Erfahrungsschatz im Bildungswesen ist sie auf der sicheren Seite. Ich bin mir sicher, dass sie bald wieder auf der Sonnenseite des Lebens wandeln und ihren beiden kleinen Jungs ein großartiges Vorbild sein wird.

3.2 UMSTIEG, AUSSTIEG ODER KURSKORREKTUR?

Der Weg zu einem erfüllten Leben ist spannend wie ein Abenteuer. Es ist eine bedeutende Phase, in der Sie alte und neue Wünsche, Bedürfnisse und Talente entdecken. Dafür sind Sie auf drei Ebenen unterwegs: Sie reisen in die Vergangenheit, befinden sich aber auch mit beiden Beinen in der Gegenwart und blicken gleichzeitig nach vorn. Vielleicht wünschen Sie sich eine Kristallkugel, in der eine weise Frau Ihre Zukunft sieht. Wie praktisch wäre doch eine hellsichtige Antwort auf all die drängenden Fragen, wohin es uns zieht. Aber möchten Sie wirklich die Verantwortung für Ihre eigene Lebensgestaltung abgeben? Besonders in dieser Orientierungsphase ist es wichtig, mit Selbstvertrauen und einem noch stärkeren Glauben an das Gute, das kommen wird, selbst die Fäden in der Hand zu halten.

Jeder unternimmt die jetzt notwendigen Schritte in seinem Tempo. Es gibt keine Vorgaben, wann dieser Wandlungsprozess abgeschlossen sein muss. Das Alte loszulassen ist mit Unsicherheit verbunden, das ist nur allzu verständlich. Dafür müssen wir uns die Zeit lassen, die wir brauchen. »Wir müssen uns bewusst machen, dass wir uns in einem Prozess befinden«, gibt Sabine Keiner zu bedenken. »Wir verabschieden uns von einer alten Zeit und sind noch nicht am anderen Ufer, das noch neblig und verschwommen aussieht.«

In diesem Prozess befindet sich Tabea. Sie ließ sich vom Schuldienst freistellen, nachdem sie sich lange Zeit jeden Morgen lustlos in die Schule gequält und aus Verantwortung für ihre Schüler gute Miene zum bösen Spiel gemacht hatte. Als Lehrerin fühlte sie sich überfordert und ausgebrannt. Obwohl Ihr Körper mit eindeutigen Alarmzeichen wie Schwindel und Schlafstörungen auf den Stress reagierte, rang sie hart mit sich, bevor sie Ihre Entscheidung traf. Tabeas Leidenschaft gehört gesunder Ernährung. Inzwischen hat sie eine Ausbildung zur Ernährungsberaterin gemacht und damit ihre wahre Berufung gefunden. Sie gibt vereinzelt Kurse, hat immer ein Lächeln auf den Lippen und sorgt mit ihrer freundlichen Art für eine angenehme Atmosphäre. Nun hat sie das Angebot, in die Räume einer befreundeten Yoga-Lehrerin einzuziehen und ihr eigenes Kursangebot auszubauen – doch sie traut sich nicht. Noch nicht. Sie zögert, weil das Eigenheim abbezahlt werden muss und sie für ihre beiden Kinder da sein möchte. Ihr berufstätiger Mann steht hinter ihr und unterstützt ihre Pläne, sich als Ernährungsberaterin selbstständig zu machen. Tabeas Gegenargumente lauten: »Will ich wirklich mit allen Konsequenzen nach über fünfzehn Jahren aus dem Schuldienst aussteigen? Was denken die Leute?«

Ja, was denken die Leute? Die Frage ist, wie viel Gewicht Sie diesen Stimmen und den Urteilen von außen geben wollen. Wollen Sie nur das tun, was die anderen erwarten, weil Sie denken, dass Sie nur dann akzeptiert und gemocht werden? Oder möchten Sie Ihre wahre Berufung finden und realisieren? Wer ständig darauf bedacht ist, nicht aus dem Rahmen zu fallen, geht kein Risiko ein und bleibt hinter seinem Potenzial zurück. Bereichernde Erfahrungen und viele schöne Dinge werden nie umgesetzt. Die Träume bleiben in der Schublade. Die Tatsache, dass Sie dieses Buch lesen, bedeutet, dass Sie dies nicht wollen.

Folgen Sie Ihrer Intuition. Auf Ihrem Weg stehen keine Verbotsschilder. Alles ist erlaubt. Und wenn Sie ein Jahr in der Hängematte liegen und sich dem süßen Nichtstun hingeben wollen. Tun Sie es! Es geht darum, Ihren eigenen Vorstellungen vom Leben zu folgen und den Skeptikern und Miesmachern mutig die Stirn zu bieten. Suchen Sie sich deshalb Unterstützer als zuverlässige und motivierende Wegbegleiter. Lassen Sie sich von Ihrer Familie begleiten, von Freunden, die es ehrlich meinen und eine Stütze sind, ohne Sie in eine Richtung zu zerren.

Meiner Sportpartnerin Carola gingen die unter dem Deckmäntelchen der »gut gemeinten Ratschläge« geäußerten Ideen ihrer Freunde entschieden zu weit. Nach dem Tod ihres Mannes hat sie die Chance, ihr Leben neu auszurichten und aus dem Schatten des dominanten Partners herauszutreten. »Ich höre mir andauernd Tipps an, wie ich mich verändern soll. Das stört mich, weil meine Freunde zu stark in mein Leben eingreifen. Ich bin noch nicht bereit für große Veränderungen. Das wird aus meiner Mitte kommen, wenn es so weit ist«, sagt Carola verärgert.

Wozu sind Sie bereit? Das ist die zentrale Frage. Welches Gefühl wird immer stärker und drängt auf Realisierung? Welche Hoffnungen und Sehnsüchte wollen bedient werden? Es gibt verschiedene Optionen, die abhängig von Ihrer persönlichen Ausrichtung ihren Reiz haben. Ob Sie sich mit einem neuen Job selbstständig machen, für eine gewisse Zeit ganz aussteigen oder an Ihrem Arbeitsplatz etwas verändern – Ihnen stehen alle Türen offen. Sie müssen nur hindurchgehen.

Zwischenschritt

Das alte Leben noch festhalten und mit einem Bein schon im Sehnsuchtsgarten stehen. Auch das ist möglich. Ein Zwischenschritt zum Ziel ist erlaubt und macht die Entscheidung leichter für diejenigen, die – aus welchen guten Gründen auch immer – die Nabelschnur zu ihrem Job noch nicht ganz lösen möchten. Bevor Sie aus Angst vor dem Neuen zum Stillstand kommen, legen Sie einen Zwischenschritt ein. Er hilft, das gewünschte Business in Eigenregie mit Freude und ohne Zeitdruck anzugehen. Er ist eine wunderbare Möglichkeit, die ersten Schritte in die Selbstständigkeit zu wagen, ohne ein zu großes Risiko einzugehen. Ein Zwischenschritt verringert die Sorge, dass mit der neuen Geschäftsidee am Anfang noch zu wenig Geld fließt und es noch nicht zum Leben reicht.

Diese Gedanken und Sorgen sind Anlass für Manuela, nach zwölfjähriger Betriebszugehörigkeit in der Buchhaltung eines großen deutschen Textilunternehmens vom Vollzeitmodus auf eine Teilzeitstelle mit 20 Stunden in der Woche zu wechseln. »Ich habe offen mit meinem Abteilungsleiter und meinen Teamkollegen gesprochen. Ich brauche mehr Zeit und verdiene lieber weniger Geld, weil ich mich als Sporttrainer im Fitnessstudio selbstständig machen will«, sagt Manuela. Für die umfangreiche Ausbildung an der Deutschen Sportakademie hat sie sich ihren Freiraum geschaffen. »Der Fitness- und Gesundheitsmarkt boomt. Ich will Personal Training anbieten«, sagt Manuela selbstbewusst. Zwischen Broterwerb und Berufung – das ist eine Zwischenzone, die Freiraum für den Traum gibt.

Wer sich nebenberuflich selbstständig machen möchte, kann mit dem Zwischenschritt testen, ob seine Geschäftsidee gut ankommt.

Diese Gründungsvariante boomt in Deutschland, besonders Frauen wählen diesen Weg. Ein weiteres Zwischenschritt-Modell: Sie sind bereits selbstständig und haben die Sehnsucht, weitere Kompetenzen aktiv zu nutzen und einen zweiten Anker zu setzen. Doch dieser Job spült in den ersten Monaten noch nicht ausreichend Geld in die Haushaltskasse, daher läuft der erste Beruf weiter. Ein Kompetenz-Portfolio gibt Klarheit, in welchem Bereich ein weiteres Engagement sinnvoll ist. Was kann ich noch? Welche Trainings habe ich absolviert? Wohin zieht es mich? Nehmen Sie die Kompetenz aus der alten Welt mit, um Ihre neue Berufung ins Leben zu bringen.

Ariane hatte ein Schlüsselerlebnis, das sie zu neuen Ufern aufbrechen ließ. Die Optikermeisterin mit eigenem Geschäft nahm an einer Trauerfeier teil und hörte eine emotionslose, langweilige Trauerrede. »Das kann ich besser«, sagte sie sich und fing an, sich als Trauerrednerin anzubieten. »Ich habe immer mehr gemerkt, dass dies mein Herzensweg ist und ich es irgendwann richtig machen möchte«, sagt Ariane. Die Übergabe ihres Geschäftes an ihren Nachfolger hat sie von langer Hand geplant. Der Vertrag ist unterschrieben. »Es gibt kein Zurück. Bis dahin möchte ich so aufgestellt sein, dass ich von den Trauerreden leben kann«, sagt sie. Ihren Weg in die zweite Selbstständigkeit ebnet sie zudem durch ein eigenes kleines Buch mit Trostworten für hundert Tage. Als Trauerrednerin für anspruchsvolle Kunden, die ihre warmen und einfühlsamen Worte schätzen, hat sie sich bereits einen guten Namen machen können. »Es ist meine innere Berufung, und es erfüllt mich«, ergänzt Ariane.

Berufsumstieg

Die Würfel sind gefallen. Sie haben sich entschieden für den Berufsumstieg, der in die wahre Berufung führt. Es gibt einen prächtigen Blumenstrauß an Umsteiger-Modellen, mit denen sich Ihr Traum verwirklichen lässt. Ob Yogalehrer, Heilpraktikerin, kreativer Künstler, Surflehrer, Betreiberin eines Cafés oder einer Pension – Sie entscheiden, wo und wie Sie arbeiten wollen.

Wenn Sie sich selbstständig machen, hat das natürlich Konsequenzen für Ihre finanzielle Situation. Die monatliche Überweisung vom Arbeitgeber bleibt aus, stattdessen schreiben Sie Rechnungen.

Ich erinnere mich gut, welch erhebendes Gefühl es war, als das erste Honorar wie ein Goldstück auf meinem Konto glänzte. Das selbst verdiente Geld für eine Leistung in Eigenregie und mit der vollen Verantwortung für das Projekt! Niemand über mir, nach dessen Anweisungen ich handeln musste.

Die Unabhängigkeit, das selbstbestimmte Arbeiten und flexible Arbeitszeiten sind Vorteile der Selbstständigkeit. Wer mit seiner Geschäftsidee erfolgreich ist, hat sogar die Chance auf ein höheres Einkommen als in der Festanstellung. Lassen Sie sich von Vorbildern inspirieren, die in dieser Entscheidungsphase Mut machen und Orientierung geben. Wie haben sie ihre Geschäftsidee entwickelt? Mit welchen Anfangsschwierigkeiten hatten sie zu kämpfen? Die Vorbilder müssen nicht zwingend aus der gleichen Branche kommen, wichtig ist, von ihrem Erfahrungswissen als selbstständige Unternehmer zu profitieren. Fragen kosten nichts und machen schlau für den geplanten Berufsumstieg. Mir hat seinerzeit ein Kollege aus der PR-Branche sehr geholfen, als es darum ging, angemessene Honorare festzulegen.

Facebook-Gruppen helfen ebenfalls, das eigene Business auf sicherem Boden aufzubauen. In den sozialen Netzwerken findet ein reger Austausch statt, und aktuelle Fragen von der effektiven Akquise bis zu Honoraren werden auch hier beantwortet. Die Gruppen vermitteln ein Gemeinschaftsgefühl und bieten die Chance, als Neuling in einer Branche von Experten lernen zu können.

Eigenverantwortlich zu arbeiten bedeutet, Verantwortung für sich und sein Business zu haben und seine Ziele in den Mittelpunkt zu stellen.

Marco Holter

Vom Postfilialen-Inhaber zum Betreiber eines Alpaka-Hofes

Eigentlich brauchte Marco Holter nur einen Rasenmäher. 4.000 Quadratmeter Grund sind doch recht groß, um selbst die Runden auf der Wiese zu drehen. Schafe kamen nicht in Frage, da erzählte ihm ein Freund von Alpakas. Vierbeinige Kuscheltiere, die ideal auf seinen Hof in der Nähe von Grevesmühlen passen würden. Alpakas – vor fünf Jahren kannte Marco Holter diese Tiere noch nicht. Jetzt hält er sich zwölf und hat sie ausgebildet. Tiergestützte Aktivität nennt sich das. Alpakas als Therapietiere, mit denen er quer durch Mecklenburg-Vorpommern fährt, um anderen Menschen zu helfen und ihnen schöne Momente zu schenken.

Marco Holter besucht Pflegeeinrichtungen und führt Leopold mit den großen treuen Augen zu den Bewohnern. Demenzkranke leben auf und erinnern sich an Tiere aus ihrer Kindheit, Wachkomapatienten spüren die Nähe des friedliebenden und ruhigen Tieres. Kindergartenkinder juchzen vor Freude, wenn das Alpaka mit den großen dunklen Knopfaugen zu Besuch kommt. Im Hospiz zaubert er schwerstkranken Menschen ein Lächeln ins Gesicht. »Ich habe das Unternehmen so aufgestellt, dass wir alle Menschen bedienen können«, sagt Marco Holter. Leopold und Bambi heißen die ersten beiden Alpakas, die er sich von einer Züchterin holte. »Schon bei der ersten Begegnung waren wir von den Tieren fasziniert und wurden sofort in ihren Bann gezogen.« Für Marco Holter sind Alpakas die Delfine der Weide. Damals wollte er mit seiner Frau Beate »was Neues« machen und noch einmal durchstarten. Das ist ihm mit seinem idyllischen Alpaka-Hof in Hamberge gelungen.

Der Siebenundvierzigjährige ist ein zupackender Typ. Was er sich vorgenommen hat, das zieht er konsequent durch. Im Kfz-Gewerbe hatte er sich bis zum Kundenberater hochgearbeitet, dann kam die große Chance, sich mit einer kleinen Postagentur im schleswig-holsteinischen Barsbüttel selbstständig zu machen. Das Ehepaar verkaufte nicht nur Briefmarken, sondern auch Spezialitäten aus seiner Heimat Mecklenburg-Vorpommern. Das Konzept ging auf, die Leute kamen gern und oft.

Eine Krise war der Auslöser, sich im Leben noch einmal anders aufzustellen. Das Ehepaar und seine Zwillinge wurden, wie sie später erfuhren, über ein halbes Jahr observiert. »Jeder unserer Schritte wurde beobachtet. Wann wer aus dem Haus ging und zu welcher Uhrzeit er wiederkam«, erzählt Marco Holter. Ein Raubüberfall auf das Geschäft gab dann den Ausschlag. Das Maß war voll, die Angst saß tief: »Wir wollten unsere Kinder schützen und haben uns in Mecklenburg-Vorpommern den Hof gekauft. Möglichst weit weg von allem. Dahin, wo uns keiner kennt.« Eine Zeitlang fuhren jeden Tag entweder seine Frau oder er die 100 Kilometer nach Barsbüttel zur Postagentur. Irgendwann stellte sich der totale Lebensfrust ein. »Sieben Jahre Selbstständigkeit ohne Urlaub. Wir waren Sklaven der Firma«, sagt Marco Holter.

Was man braucht, um dem Leben noch einmal eine neue Richtung zu geben? Mut, findet Marco Holter, und einen festen Plan. Er habe vor dem Verkauf der kleinen Postagentur viele Abende lang über den Zahlen gesessen. Decken die Einnahmen die Kosten der vierköpfigen Familie? Welche Kosten lassen sich reduzieren? Reicht das Geld, das seine Frau mit ihrem neuen Job nach Hause bringen wird? Sein persönliches Fazit: »Man muss wissen, was man macht. Und es dann machen, auch wenn der zeitliche Einsatz erst einmal hoch ist und das Geld nicht reicht, um am Wochenende in den Freizeitpark oder zum Essen zu gehen. Blauäugig zu sein geht nicht.« Wer selbstständig sei, erhalte nicht wie ein Angestellter sein Geld am Ende des Monats, Beiträge für die Krankenkasse, für die Berufsgenossenschaft sowie Steuern müssen selbst bezahlt werden. Jeden Monat eine Menge fixe Ausgaben. »Wer sich vorher nicht mit seinem Steuerberater zusammensetzt, fällt auf die Schnauze.« Marco Holter spricht gern Klartext.

Er hat einen langen Atem gebraucht, denn für sein Alpaka-Projekt benötigte er viele Genehmigungen, beispielsweise vom Veterinäramt. Ein Antragsmarathon über neun Monate, der an den Kräften und der Geduld zerrte. Dazu kamen die Kosten für Werbeflyer und eine Imagebroschüre für das besondere Therapieangebot. Und für die behindertengerechte Toilette für seine Hofgäste. Sie sollte 20.000 Euro kosten – davon bekam er nur 6.000 Euro aus einem Fördermittel-Topf. Ein Bankkredit für die Restsumme kam nicht in Frage, also klopfte Marco Holter bei Unternehmen aus der Region an und warb sie als Sponsoren. Der Plan ging auf, die behindertengerechte Toilette mit dem barrierefreien Zuweg konnte gebaut werden. »Man muss erfinderisch sein«, sagt er.

Noch trägt sich der Alpaka-Hof nicht selbst. »Wir wollen das Geschäft so aufbauen und irgendwann komplett davon leben, sodass unsere jetzt vierzehnjährigen Zwillinge später mal den Hof übernehmen können«, lautet der Plan von Marco Holter. Die kleinen Löcher in der Familienkasse weiß er geschickt zu stopfen, weil er mit seinem Hobby ein bisschen Geld nebenbei verdient. Der leidenschaftliche Oldtimer-Fan verkauft auf Automobiltreffen Ersatzteile und Schönes aus Haushaltsauflösungen. Er organisiert den Ersatzteile-Markt beim jährlichen großen Trabi-Treffen in Ostdeutschland und wird von einer Kölner Firma ab und zu als Immobiliengutachter für Objekte in Ostdeutschland gebucht. »Mir macht das alles Spaß. Das bringt Abwechslung in mein Leben. Ich habe es zweimal komplett umgekrempelt. Das geht, wenn man sich vorher genau überlegt, was man machen möchte.«

© Andrea Pohl

Marco Holter mit Maja und dem Therapie-Alpaka Leopold

Auszeit

Eine Auszeit ist ein Einstieg in ein neues Leben. Das Wort Auszeit impliziert, dass Sie aus dem Leben aussteigen wie aus einem Bus. Dabei nehmen Sie alles mit, was Sie ausmacht, was in Ihrem Kopf kreist und was in Ihrem Herzen klopft. Eine Auszeit darf keine Flucht vor dem Leben sein. Selbst wenn dies Ihre Motivation ist und Sie an die schönsten Orte der Welt reisen – Ihr Sorgenpäckchen haben Sie immer dabei. Eine Auszeit ist vielmehr ein Freiraum, eine stressfreie Zone für eine Sehnsucht, die gestillt werden will. Träume realisieren, neue Wege finden und das Glück der Ruhe atmen – das Innehalten auf Zeit ist ein großartiges Geschenk, das man sich selbst machen kann. Eine längere Pause vom Job ist für Angestellte ideal, um runterzukommen, sich um die eigenen Bedürfnisse und Wünsche zu kümmern oder um die Welt zu bereisen. Es ist eine Zeit, um wertvolle Erfahrungen zu sammeln, die das Leben bereichern und die eigene Entwicklung beschleunigen.

Nach meinem Angestelltendasein in einem großen Verlagshaus habe ich mir eine Auszeit von zwölf Monaten in meiner Heimatstadt Hamburg gegönnt. Es war die beste Entscheidung meines Lebens, denn ich konnte wieder Kraft tanken und den Kopf für die wichtigen Dinge im Leben frei räumen. Ich hatte vor allem Muße, über meine berufliche Neuorientierung nachzudenken und mich verschiedenen Gedankenmodellen hinzugeben. Am Ende der Auszeit hatte ich meinen eigenen Büroschlüssel in der Hand und einen großen Kundenauftrag in der Tasche. Mir war bewusst geworden, dass eine Rückkehr in die Mühlen mit hierarchischen Strukturen mit meiner Persönlichkeit und meinen Werten unvereinbar ist.

Die Auszeit ist so gefragt wie nie. Aktuelle Befragungen zeigen, dass knapp die Hälfte der Mitarbeiter in Unternehmen ein Sabbatical planen. Nach Einschätzung von Wissenschaftlern dürfte dieser Trend angesichts der Beschleunigung im Arbeitsleben, der gestiegenen Bedeutung von Work-Life-Balance und des veränderten Verständnisses von Karriere noch deutlich ansteigen. Ein Sabbatical als erster Schritt in einen Neustart oder als längere Auszeit von der Arbeit kann drei Monate oder bis zu einem Jahr dauern. »Nach vielen Arbeitsjahren tauchen bei Menschen in der Lebensmitte vermehrt Fragen nach dem Sinn auf. Oftmals ist eigentlich alles vorhanden, was sie erreichen wollten, und dennoch erleben sie einen Mangel. Sie möchten sich auf die Sinnsuche machen und starten aus diesem Grund zu einer Pilgerreise, gehen ins Kloster oder suchen eine Antwort in einer anderen Auszeit«, weiß Sabine Keiner.

Es gibt viele Möglichkeiten, das Sabbatjahr zu nutzen. Viele gehen ins Ausland, um andere Länder kennenzulernen, ihre Fremdsprachenkenntnisse zu verbessern und ihren Horizont zu erweitern. Eine Sonderform ist das Jobbatical: Sie nehmen eine Auszeit bei ihrem Arbeitgeber und üben ihren Job für eine bestimmte Zeit im Ausland aus. Die meisten Angebote richten sich an Spezialisten aus den Bereichen IT, Management, Marketing, Beratung und (Web-)Design, die für ein paar Monate in spannende Projekte eingebunden werden. Freiheitsliebende Menschen können als digitaler Nomade mit ortsunabhängigen Jobs Geld verdienen und die Welt bereisen.

Sie können sich während des Sabbaticals in einem sozialen Projekt engagieren oder einen Job jenseits Ihres Berufs annehmen. ManaTapu ist beispielsweise ein Volunteering-Anbieter für

die Region Lateinamerika, der verschiedene soziale Projekte fördert und ehrenamtliche Helfer mit Berufserfahrung sucht. Wenn
Sie die Alpen lieben, können Sie fernab von allem auf abgelege-
nen Bergbauernhöfen als »Senner auf Zeit« arbeiten. Heugabel
statt Laptop und Handy.

Wer die Auszeit für das Innehalten nutzt, tankt Energie für den
Plan B. Wer allein mit sich und der Natur ist, auf Reisen endlich
wieder seine Kraft spürt oder die Zeit mit Freunden und Familie
im Sabbatical intensiv genießen durfte, bricht oftmals aus den alten
Strukturen aus. Das bislang nicht gekannte Freiheitsgefühl beflügelt und macht es leicht, mit offenem Herzen die berufliche Neuorientierung anzupacken. Die Distanz zum Job öffnet die Augen
für das Wesentliche. Bei Bedarf unterstützen spezialisierte Coaches
und Trainer dabei, eine Lebensbilanz zu ziehen und sich mutig neu
auszurichten. »Es geht in dieser wichtigen Phase darum, eine Le-
bensvision und einen Plan zu entwickeln«, ergänzt Sabine Keiner.

Wenn Sie Ihren Lebensunterhalt aus eigenem Vermögen bestreiten können, erweitert das Ihre Möglichkeiten für eine Auszeit beträchtlich. Ob Einkünfte aus Vermietung und Verpachtung
oder aus dem Verkauf einer Firma – davon lässt sich oftmals so
gut leben, dass der Job an den Nagel gehängt wird. »Ich habe
jahrelang eine 70-Stunden-Woche gehabt und mir den Buckel
krumm gerackert«, sagt Peter, der in der IT-Branche Karriere gemacht hat. Mit sechsundfünfzig Jahren entschied er sich, nur noch
von seinen Kapitaleinkünften zu leben. »Meine Frau und ich haben unsere Ausgaben deutlich reduziert und den Gürtel enger
geschnallt. Dafür haben wir das wertvollste Gut überhaupt ge-
wonnen: Zeit für gemeinsame Fahrradtouren in Europa. Außerdem bin ich noch ehrenamtlich für ein Hospiz tätig, das erfüllt

mich«, sagt Peter. Rückblickend wünscht er sich, diesen Schritt schon früher gemacht zu haben. Privatier – das ist nicht nur das Privileg älterer Manager mit der Luxuskarosse in der Garage und der Rolex am Handgelenk. Vergessen Sie dieses Klischee! Unter den 627.000 Privatiers im Jahre 2018 in Deutschland, die das Statistische Landesamt für das Handelsblatt ermittelte, befinden sich rund 6.000 Menschen unter achtzehn Jahren. Die Zahlen steigen rasant, vielleicht auch deshalb, weil Arbeit als erfüllender Lebenssinn zunehmend seine Bedeutung verliert.

Kurskorrektur

Die Arbeit macht Ihnen keinen Spaß, ein beruflicher Umstieg kommt für Sie jedoch nicht in Frage. Was tun? Das Rundum-Sorglos-Paket am Arbeitsplatz wird es nicht geben, aber in der Regel gibt es durchaus die Möglichkeit zu einem Plus an Selbstverwirklichung. Nicht selten kann der Wechsel in eine andere Abteilung wie ein Befreiungsschlag wirken, der Körper, Geist und Seele frischen Schwung gibt. Gerade für jene Menschen, die unter ihren Kollegen, eintöniger Arbeit und einem miesepetrigen Chef leiden. Suchen Sie sich das aus, was Sie brauchen und was Ihren veränderten Ansprüchen an den Job Rechnung trägt. Stress lässt sich besser in einem wertschätzenden und freundlichen Kollegenkreis ertragen. Vielleicht gibt es neue Aufgabenbereiche im Unternehmen, die nur darauf warten, von Ihnen erledigt zu werden. Hören Sie sich mal um! Weiterbildungen erhöhen den Spaßfaktor und machen wieder Lust auf den Arbeitsplatz. Eine Wissens-Infusion kann ein Sprungbrett in eine andere Aufgabenwelt sein, die

Ihren Talenten und Interessen besser entspricht. Ein Gespräch mit dem Vorgesetzten mag Wunder bewirken, weil Sie Interesse signalisieren, offen für neue Herausforderungen zu sein.

Für die Kurskorrektur sind erreichbare Ziele eine wichtige Grundlage. Mit ihnen haben Sie das Zepter in der Hand und können sich voller Elan auf die Zielgerade machen. Loten Sie neue Arbeitszeitmodelle wie Homeoffice aus, die Ihren Wünschen und Bedürfnissen, beispielsweise nach mehr Zeit für Familie, Raum lassen. Ein kreativer Malkurs auf Mallorca, ein Surfkurs in Ägypten oder ein verlängertes Wochenende in Bella Italia – moderne Arbeitszeitmodelle machen es möglich. Ein Bekannter von mir arbeitet drei Wochen durch und hat dann eine komplette Woche frei. Sein Freund arbeitet nur an den Wochenenden. Der Job muss natürlich zum Modell passen und der Arbeitgeber flexibel agieren. Qualifizierte Mitarbeiter wollen jedoch gehalten werden – eine Trumpfkarte für jeden Mitarbeiter, der keinen 9-to-5-Job haben möchte.

Sie haben die Wahl für die persönliche Kurskorrektur: Gleitzeit, Langzeitarbeitskonto, Jobsharing oder Vertrauensarbeit? Nehmen Sie Platz in einer neuen Abteilung? Lachen Sie in der Teeküche mit neuen wunderbaren Kollegen?

3.3 FINANZIERUNG MIT FANTASIE

Sie haben herausgefunden, dass Sie sich selbstständig machen wollen. Ob erst mal nebenbei oder gleich in Vollzeit – Sie brauchen Geld, um das Business ins Leben zu rufen, um die Zeit zu überbrücken, bis es läuft. Befassen wir uns also mit den Finanzen.

Welche Einstellung haben Sie zu Geld? Glauben Sie, dass Sie den Scheinen verzweifelt hinterherjagen müssen? Oder kommt Geld zu Ihnen, weil Sie es sich im doppelten Sinne verdient haben? Welche Einstellung setzt wohl mehr positive Energie frei? Für die Finanzierung des Traumberufes ist der Blick nach innen von großer Bedeutung. Der Schlüssel liegt in Ihrer Einstellung zu diesem Thema. Deshalb möchte ich Sie hier ermuntern und aufbauen. Die goldene Formel lautet: Traumberuf, Erfolg, Fülle und Geld! Das hört sich fantastisch an und ist es auch, weil alle vier Schlagworte wunderbar zusammenpassen. Sie sind miteinander verwoben, bauen aufeinander auf. Behalten Sie diese Formel fest im Herzen und im Blick, wenn Sie sich mit den weiteren Schritten zu Ihrem beruflichen Umstieg beschäftigen.

Mit negativen Glaubensmustern stellen Sie sich selbst eine Falle und blockieren den Geldfluss. Sätze wie »Meine Geschäftsidee bringt mir nicht genug Kunden« und »Wenn ich meiner Berufung folge, werde ich bald mittellos sein und unter der Brücke schlafen« entspringen der Angst und lassen diese Gedanken zur Realität werden. Nach Murphys Gesetz geht alles schief, was schiefgehen kann, weil negative Gedanken eine eigene Anziehungskraft entwickeln. So lautet das Universalgesetz. Negative und abwertende Kommentare über reiche Menschen, ihre schicken Autos und großen Häuser verbannen Sie ebenfalls aus Ihrem Kopf. Solche Gedanken versetzen Sie in einen Neid-Modus, machen Sie klein und sind völlig unnütz in dieser Umbruchphase des Lebens, in der Sie voller Kraft durchstarten wollen.

Im Umkehrschluss bedeutet dies: Schalten Sie in den Reichtum-Modus. Bündeln Sie Ihre Energie und richten Sie den Fokus auf sich. Licht aus, Spot an – und da sind Sie! Sie dürfen sich Geld wünschen und eine erfüllende Geschäftsidee, von der viele Menschen begeistert sein werden. Schlüpfen Sie in die Rolle von Dagobert Duck und stellen Sie sich in den prächtigsten Farben vor, wie Sie Ihre selbst verdienten Scheine zählen.

Murphys Gesetz

Es gibt für Fehlerquellen ein System. Diese Erkenntnis hatte der amerikanische Ingenieur Edward A. Murphy, der 1949 am Raketenschlitten-Programm der US Air Force teilnahm. Wissenschaftler wollten auf einem Testgelände in Kalifornien herausfinden, wie viel Beschleunigung dem menschlichen Körper zuzumuten ist. Die an der Testperson angebrachten sechzehn Mess-Sensoren konnten jeweils auf zwei Arten befestigt werden. Das Experiment schlug fehl, weil sämtliche Sensoren falsch angebracht wurden. Daraufhin sagte Murphy den berühmten Satz, mit dem er in die Geschichte einging: »Alles, was schiefgehen kann, wird auch schiefgehen.«

»Murphys Gesetz« schlägt in allen Lebensbereichen zu: Man steht immer an der langsamsten Schlange im Supermarkt an, und im Kino sitzt immer ein großer Mensch genau vor einem. Gerade wenn man mit dem Auto aus der Waschanlage kommt, fängt es an zu regnen, und das Handy oder die Waschmaschine geht genau dann kaputt, wenn die Garantie gerade abgelaufen ist. Unsere selektive Wahrnehmung und eine auf negative Erlebnisse gepolte Bewertung geben uns das Gefühl, dass solche Missgeschicke nur uns passieren. Dagegen hilft nur, den Fokus auf positive Ereignisse zu richten. Nehmen Sie »Murphys Gesetz« mit Humor, denn irgendwo schlägt es wieder zu.

Wie so viele andere Selbstständige hatte auch ich Monate, in denen die Einnahmen nur auf mein Konto tröpfelten. Dennoch vertraute ich darauf, dass sich durch neue Aufträge der Geldhahn wieder öffnen würde. Der Gegenspieler von Angst ist Vertrauen. Diese Macht habe ich durch bewusste Bilder aktiviert, in denen ich mir vorstellte, wie ich Rechnungen mit bestimmten Beträgen schreiben würde.

Sich Geld zu wünschen ist weder egoistisch noch verboten. Es ist das Recht eines jeden Menschen. Es ist keine Tugend, für eine erbrachte Leistung wenig Geld zu bekommen. Es ist auch keine Tugend, bei der Finanzierung der Geschäftsidee mutlos zu verzagen. Was soll falsch daran sein, Geld haben zu wollen? Es ist weder schmutzig noch schlecht. Das Universum ist ein idealer Helfer, um den Geldmagneten zu aktivieren und sich mit positiven Gedanken zu füllen. Klare Botschaften an das Universum wirken Wunder. Sie halten das für Eso-Zauber? Versuchen Sie es einfach. Die kosmische Unterstützung funktioniert. Wer bereit ist zu wachsen und sich weiterzuentwickeln, erhält seine Belohnung. Der Zaubersatz lautet: Ich darf mich darauf einlassen. Ich darf mit dem, was ich kann und was mir Spaß macht, sehr gut Geld verdienen.

Manuel Grämiger, mit dem ich für das Mutmacher-Porträt sprach (siehe Seite 184), imponiert mir nicht nur wegen seiner Lebensgeschichte, sondern auch wegen einer Aussage, die seiner Erfahrung entspringt. »Wenn es der eigene Traum ist und man davon überzeugt ist, dann kommt auch Geld, um diesen Traum zu verwirklichen. Geld ist schnell eine Grenze, weil wir nicht darüber hinweg denken. Geld ist oft da, wo man es nicht erwartet. Es ist wichtig weiterzugehen, bis die Finanzierung da ist. Es tun sich Quellen auf.«

Manuel Grämiger

© privat

Vom Kinderhort-Betreiber zum Weltenbummler mit Base in der Schweiz

Meiner Frau Marlen und mir gehörte ein großer Kinderhort mit sieben Angestellten in der Schweiz.
Das lief richtig gut. Wir waren sehr erfolgreich. Man kannte uns in der Gegend. Aber wir waren im Hamsterrad und haben dann 2015 alles verkauft. Der Stress war nicht mehr auszuhalten. Wir hatten dann schön Geld, ein Kissen, das wir nutzen konnten. Ich war damals schon Therapeut, hatte mich 2009 zum Mentaltrainer und Integralcoach ausbilden lassen. Ich half gestressten und überforderten Eltern und wollte das online weiterführen. Überall hört man doch davon, dass diese Online-Beratung total hip ist. Das lief zwar, aber nicht so, dass wir davon hätten leben können. Wir wa-

ren aber so davon überzeugt! Gerade bei den Coaches geht es ja darum, seine eigenen Grenzen zu überwinden und seine eigenen Träume wahrzumachen. Wir waren völlig perplex, dass das bei uns nicht aufging und uns das Geld ausging. Schlussendlich standen wir vor dem Aus – doch wir gingen weiter und weiter, weil ein innerer Drang uns nicht zum Stoppen brachte.

Der Kopf hätte längst gesagt: Das geht so nicht! Ihr habt euch in etwas verrannt, das nicht funktioniert!
Der Geldfluss war für uns immer ein großes Thema, wir konnten gerade mal so unser Essen bezahlen. Für die Wohnungsmiete hat das Geld ganz einfach nicht gereicht. Unsere drei Kinder waren zwischen vier und neun Jahre alt, wir hatten nur noch unser Auto und ein kleines Zelt. Wir machten House Sitting. Das Einzige, was uns am Aufgeben hinderte, war, dass die Kinder so glücklich waren. Von dieser Zeit damals erzählen sie heute mit großer Freude. Wir haben oft gemeinsam als Familie am Lagerfeuer gesessen. Für die Familienbindung war diese Zeit sehr prägend.

Unser Umfeld war ziemlich gut vorbereitet, als wir uns auf die Reise machten.
Denn wir hatten zuvor schon den großen Schritt gemacht, unsere Kinder aus der Schule zu nehmen, dann unser Unternehmen und unser Haus zu verkaufen. Das passierte Schritt für Schritt, und wir konnten unsere Freunde in vielen Gesprächen über unsere Reise informieren. Damals hat es ja noch funktioniert, weil wir das Geld aus dem Firmenverkauf hatten. Wir hatten von anderen Familien gehört, die um die Welt reisten. Wow, Freiheit pur! Los, Kinder, kommt, es geht los! Wir hatten ein Wohnmobil

und sind lange Zeit durch Europa gereist. Mit dem Flugzeug ging es zu zwei Fernreisen nach Costa Rica und nach Thailand. Anfangs hatten wir ja durch den Unternehmensverkauf viel Geld.

Nach gut einem Jahr haben wir dann wieder überlegt, was wir wirklich wollen.

Ist es das? Wir spielten mit dem Gedanken an ein Haus in der Schweiz, damit die Kinder wieder ein festes Umfeld haben. Als wir an dem Punkt waren, das umsetzen zu müssen, kam der Funke: Wir sind aus der Tiefe überzeugt, diesen Lebensstil weiterzuführen, aber jetzt mit einer festen Base in der Schweiz. Kein fester Standort, eine Base, von der aus wir durch die Welt reisen können. Für mich ist das die Grundlage für den Erfolg. Es ist die Begeisterung für das, was mich antreibt. Was mich so weit gehen lässt, dass ich weitermache, auch wenn ich in der Pampa sitze und denke, es ist alles aus.

In Uznach in der Ostschweiz liegt die Praxis, die ich zurzeit führe.

Hier betreue ich meine Klienten vor Ort und veranstalte Seminare und Workshops. Wir wohnen ganz in der Nähe im Ferienhaus von Freunden, das wir immer wieder beziehen. Wir sind gut fünf Monate im Jahr in der Schweiz, jeweils maximal drei Monate am Stück. Den Rest der Zeit reisen wir und zelten. Das hat uns damals so inspiriert, und die Kinder lieben es. Über den Kauf eines neuen Wohnmobils haben wir nachgedacht, aber es ist für uns eine Belastung. Wir haben so viele Dinge losgelassen. Wir fühlen uns freier mit Auto und Zelt. Ab und an fliegen wir auch. Unsere Reiseplanungen sind in der Regel sehr spontan. Wir leben aus dem Herzen heraus. Wir machen das so lange, wie die Kinder darauf Lust haben. Der Älteste ist mittlerweile zwölf Jahre alt. Wir können uns vorstellen, dass bald die Zeit kommt, wo er irgendwo fest mit Freunden sein möchte. Er liebt Fußball. Aber noch passt ihm das Reisen. Wir sind alle sehr offen für das, was kommt. Wir fühlen uns überall wohl, ob mit dem ganz einfachen Leben auf dem Land oder in der Stadt.

Wir fühlen uns überall wohl, weil wir auf die Wurzeln in jedem von uns und auch in der ganzen Familie setzen.

Business- und Finanzplan

Die richtige Vorbereitung ist das Fundament für die angestrebte Neuausrichtung. Keine Gründung ohne Planung, lautet die Devise. Auch wenn Sie Ihre Berufung klar im Blick haben und die einzelnen Etappen zum Ziel festgelegt sind – ohne Businessplan geht es nicht. Er ist der Fahrplan in die Selbstständigkeit, verschafft Transparenz und Überblick und ist das Ticket, um Banken und Investoren von der Geschäftsidee zu begeistern. Er umfasst alle wichtigen Kriterien der Geschäftsidee, zum Beispiel Konzept, Zielgruppe und Kundennutzen.

Herzstück des Businessplans ist der Finanzplan, aus dem hervorgeht, mit welchen Einnahmen auf Basis der Unternehmensentwicklung zu rechnen ist. Lohnt sich die Gründung wirtschaftlich? Dabei haben die fixen und die variablen Lebenshaltungskosten eine hohe Bedeutung, denn sie bieten möglicherweise Einsparpotenziale. Reisen Sie mit leichtem Gepäck und checken Sie, welchen Ballast Sie über Bord werfen können. Sich zu reduzieren macht frei und gibt der Gründerzeit eine leichtere Note. Welche Kosten werden jeden Monat vom Konto abgebucht, obwohl sie zu hoch oder überflüssig sind? Was wollten Sie schon längst streichen, haben es aber immer wieder verschoben? Jetzt ist die beste Gelegenheit.

Der Finanzplan führt die Kosten für die Gründung Ihres Unternehmens auf und für den laufenden Betrieb, also Miete, Versicherung, Löhne sowie Kosten beispielsweise für Material und Waren und geplante Investitionen. Je detaillierter die Auflistung, desto aussagekräftiger ist der Plan. Der Finanzplan ist zudem für jeden Gründer ein gutes Controlling-Instrument, mit dem finanzielle Schieflagen frühzeitig erkennbar werden. Eine Art Frühwarnsystem für notwendige Korrekturen.

Der Businessplan mit dem Finanzplan sollte professionell und fehlerlos sein und vor allem auf Basis von realistischen Szenarien erstellt werden. Excel-Vorlagen für den Finanzplan kursieren im Internet, sind jedoch nicht immer auf dem neuesten Stand. Doch beispielsweise in dem Portal »Für-Gründer.de« finden Sie ein Finanzplan-Tool als bankfähige Online-Lösung.

Gründerkredite und Förderbanken

Holen Sie sich Expertenrat. Die Industrie- und Handelskammern wie auch die Handwerkskammern sind professionelle Begleiter vom ersten Kontakt bis zur Gründung. Sie bieten allgemeine Beratung für Existenzgründer an, Gründertage sowie Seminare für die verschiedenen Branchen, die unter anderem bei der Standortanalyse unterstützen sowie bei der Organisations- und Kostenoptimierung. Auch Berufsverbände beraten kenntnisreich und erleichtern Ihnen den Weg in die Selbstständigkeit.

Kaum jemand hat genug Geld auf dem Konto, um seiner Geschäftsidee Leben einzuhauchen. Pragmatismus ist jetzt angesagt und das beruhigende Wissen, dass in Deutschland für Gründer und Start-ups innovative Förderprogramme und Gründerkredite zur Verfügung stehen. Rückendeckung vom Staat, das ist doch fein. Sie brauchen sich nicht allein gegen alle finanziellen Widrigkeiten zu stemmen, sondern können aus vielfältigen Angeboten wählen.

Ein erster Termin sollte Sie jedoch zur Hausbank führen – mit dem Businessplan in der Hand. Seien Sie auf das Gespräch gut vorbereitet und argumentieren Sie klug, haben Sie auch Antworten auf kritische Fragen parat. Gründerberater raten, Gespräche mit mehreren Banken zu führen, um vergleichen zu können. Genossenschaftsbanken wie Volksbanken und Sparkassen wollen die regionale Wirtschaft ankurbeln und vergeben häufig Kredite an Gründer.

Die Kreditanstalt für Wiederaufbau (KfW) steht mit passgenauer Förderung und einer KfW-Beraterbörse an der Seite von Menschen, die ein Unternehmen gründen wollen. Die staatliche Förderbank hat beispielsweise mit Garantie der EU den »ERP-Gründerkredit – StartGeld« aufgelegt, mit dem ein Startgeld von bis zu 100.000 Euro ohne Eigenkapital fließt. Einen solchen Kredit können Sie nicht direkt bei der KfW beantragen, sondern Ihre Hausbank oder eine andere Geschäftsbank reicht den Finanzierungsantrag ein.

Crowdfunding

Sie wurden mit Ihrer genialen Geschäftsidee nicht in die »Höhle der Löwen« eingeladen? Nehmen Sie es gelassen, dass der Millionendeal an Ihnen vorbeiging, und setzen Sie auf Crowdfunding. Sie tauschen die TV-Kamera gegen eine Online-Ausschreibung für Unterstützer und Investoren, die Ihr zukunftsweisendes Geschäftsmodell so großartig finden, dass sie die begehrten Scheine locker machen. So sammeln Sie Kapital von der Crowd – dem digitalen Zeitalter sei Dank. Über diese Möglichkeit hätte sich jeder findige Existenzgründer vor zwanzig Jahren gefreut. Die Idee stammt aus den USA, ist gut zehn Jahre alt und wurde ursprünglich als Finanzspritze für Musikproduktionen eingesetzt.

Mittlerweile ist Crowdfunding nicht nur eine interessante Alternative zur Projektfinanzierung ohne Bankgespräche und Kreditanträge, sondern ein wachsender Markt mit viel Potenzial für nachhaltige Vorhaben und Ideen, mit denen sich die Welt verbessern lässt. 2016 sammelten Kapitalsuchende in Deutschland insgesamt 9,7 Millionen Euro über Crowdfunding, so das Ergebnis des Monitors des Portals »Für-Gründer.de«. Ziel ist es, für das geplante Business möglichst viele potenzielle Geldgeber zu erreichen, die sich oft schon mit einem Euro beteiligen können. Als Dankeschön gibt es beispielsweise kostenlose Produkte oder eine Spendenquittung. Beim Crowdinvesting erhalten die Investoren Anteile am Unternehmen mit einer bestimmten Laufzeit und sind am Gewinn oder Verlust beteiligt.

Die innovative Schwarmfinanzierung hat ein Start- und Enddatum. Fließen in dieser Zeit zu wenig Gelder, kann das Projekt nicht realisiert werden. Nationale Portale steuern das Crowdfunding in Deutschland professionell, für die Teilnahme müssen bestimmte Voraussetzungen erfüllt werden. Regionale Crowdfunding-Initiativen fokussieren sich auf Start-ups in der Region. Bringen Sie Ihre zündende Idee unter das Volk!

Trauen Sie sich! Es gibt wunderbare Mut machende Beispiele, wie das von Rosa, deren Sprung in die Selbstständigkeit mit wenig Kapital gelang.

Rosa legte den fließenden Übergang erfolgreich hin: Die Hotelfachfrau verdiente ihren Lebensunterhalt an der Rezeption einer großen Hotelkette und baute ihre große Leidenschaft für die Kampfkunst sukzessive zu einem eigenen Business auf. Ohne einen Cent Startkapital gründete sie ihre Schule für Selbstverteidigung mit einem Kurs in der Woche. »Ich startete mit einem

Schüler, dann mit einer Kindergruppe von fünfzehn Teilnehmern«, erinnert sich Rosa. Mittlerweile unterrichtet sie wöchentlich zwölf Kindergruppen in Kampfsporttechnik und reist europaweit zu Seminaren.

Finanzspritze von Freunden und Familie

Sie haben Ihre Konten geplündert und die Altersvorsorge in Gründergold umgewandelt. Dennoch kracht es an einigen Ecken und Enden, weil die geplante Investition in die Praxis, das Café, den Partyservice, die Tierpension oder den Blumenladen leider nicht mit Spielgeld bezahlt werden kann. Nicht jeder mag in einem solchen Fall seine Hausbank kontaktieren, um einen Kredit aufzunehmen. Ich kenne einige Gründer, die sich stattdessen Geld bei Freunden und Familie geborgt haben.

Das kann eine gute Alternative zum Bankkredit sein, Sie sollten allerdings ein paar Dinge beachten. Vertrauen ist gut, Sicherheit noch besser, deshalb sollte jeder private Deal schriftlich fixiert werden. Nicht nur die Höhe der geliehenen Summe, sondern auch die Rückzahlungsmodalitäten müssen in dem gemeinsam erstellten Papier aufgelistet werden. Soll der geliehene Betrag in monatlichen Raten zurückgezahlt werden? Wie hoch sind diese? Bis wann soll das Geld zurückbezahlt werden? Treffen Sie klare und verbindliche Vereinbarungen, auch wenn Sie sich das Geld von Ihrer besten Freundin, dem langjährigen Sportkumpel oder dem geliebten Partner leihen.

Bei Geld hört bekanntlich die Freundschaft auf. Ein Erfahrungstipp von mir: Vermeiden Sie Freundschafts- und Liebesdienste als kostenlosen Dauer-Dank für die geliehene Geldsumme oder als Teilgegenwert. Für Ihre Dienstleistung oder Waren sollten Sie stets das nehmen, was andere Kunden auch bezahlen. Lassen Sie sich nicht auf Sonderpreise oder Gefälligkeitsdienste ein, weil Sie meinen, bei den Geldgebern aus dem Freundes- oder Familienkreis in der Schuld zu stehen. Trennen Sie von Anfang an beide Bereiche und ziehen Sie klare Grenzen. Tante Margot können Sie in Ihrem Café gern einmal einen Käsekuchen ausgeben und Fred aus dem Sportclub mit einem individuellen Ernährungsplan zum halben Preis erfreuen – als großzügige Ausnahmen ohne Regel und Verpflichtung.

3.4 SICHTBAR WERDEN

Die beste Werbung für das eigene Business sind persönliche Weiterempfehlungen von zufriedenen Kunden. Wer begeistert von einem Yogakurs ist, spricht darüber im Freundeskreis und nimmt zum nächsten Termin die beste Freundin mit. Wer von seinem Heilpraktiker angetan ist, wird beim nächsten Gespräch über gesundheitliche Befindlichkeiten diesen Heilpraktiker wärmstens empfehlen. Diese Liste ließe sich beliebig um alle möglichen Metiers erweitern – vom neuen Café mit den weltbesten Muffins über den Super-Schrauber mit seiner kleinen Autowerkstatt bis zur Produzentin von Bio-Handtaschen.

Für die Sichtbarkeit besonders in der Startphase sind Homepage, Visitenkarten, Flyer und Briefpapier unumgänglich für die professionelle Außendarstellung. Auch im Zeitalter von Social Media. Dabei hat Ihr Corporate Design, kurz CD, einen hohen

Stellenwert. Damit ist ein einheitliches visuelles Konzept gemeint, das insbesondere bei der Gestaltung der Kommunikationsmittel wichtig ist. CD ist Ihr persönlicher Fingerabdruck, der sich auf Flyern, Briefpapier, Homepage, Visitenkarten, Firmenschild wiederfindet. Schließlich wollen Sie mit Ihrer Dienstleistung oder Ihrem Produkt nachhaltig in Erinnerung bleiben und natürlich auch von potenziellen Kunden gefunden werden! Welche Farben und welches Schriftbild passen zur Geschäftsidee? Wie soll das Logo gestaltet sein? Was spricht potenzielle Kunden an?

Professionelles Marketing

Ein gutes Marketingkonzept ist ein wichtiger Faktor für den nachhaltigen Erfolg. Schließlich gilt es, die Zielgruppe auf sich aufmerksam zu machen. Hier bin ich! Seht her, was ich Wunderbares anzubieten habe! Gehen Sie schrittweise vor. Ein Marketingkonzept darf nicht mit der heißen Nadel gestrickt sein. Diese Findungsphase ist wertvoll, weil sie nachhaltig wirken muss. Stellen Sie sich folgende Fragen:

- Welche Kunden möchte ich erreichen?
- Wie macht die Konkurrenz auf sich aufmerksam?
- Welche Marketingideen passen zu meinem Business und meinen Kunden?
- Wie kann ich eine langfristige Kundenbindung herstellen?

Früher bedeutete Werbung, in regionalen oder überregionalen Medien Anzeigen zu schalten. Heute gibt es eine Fülle von kreativen Marketingideen für verschiedene Kanäle und Plattformen, analog und digital. Welche Marketinginstrumente geeignet sind, hängt von Branche, Produkt und Zielgruppe ab. Den ultimativen Tipp kann ich Ihnen an dieser Stelle daher nicht geben, denn der ideal passende Marketing-Mix ist von zu vielen Faktoren abhängig. Aber ich kann all jene beruhigen, denen beim Lesen dieses Kapitels schwindelig wird, weil sie meinen, als Selbstständige einen riesigen Berg erklimmen zu müssen. Das wichtigste Instrument für Ihre Sichtbarkeit ist Ihre Homepage. Fangen Sie damit an. Erstellen Sie – bei Bedarf mit professioneller Unterstützung – eine überzeugende Homepage, die von einer leichten Menüführung, aussagekräftigen Fotomotiven und knackig-kurzen Texten lebt. Weniger ist mehr, lautet die Devise.

Sie befürchten, dass die Marketingkosten Ihr Budget sprengen? Tatsächlich können Sie für Werbung viel Geld ausgeben, aber es muss nicht sein. Wenn Sie es richtig angehen, kostet Marketing nur Zeit und ein bisschen Aufwand, sich in die Materie einzuarbeiten und speziellen Content zu produzieren. »Ich habe für Marketing null Cent ausgegeben«, sagt Rosa, die sich vor drei Jahren mit einer Kampfsportschule in die Selbstständigkeit gewagt hat. »Ich habe nur Social Media genutzt und alle Kanäle wie Facebook, Twitter, Instagram und Pinterest bedient. Das hat super funktioniert!«

Meine Freundin Stefanie hat mangels Budget ihre Homepage mit Hilfe eines Baukastentools selbst layoutet, Fotos und Texte eingestellt und am Laptop ihr Logo entworfen. Eine Billigvariante zwar, aber von einer professionell erstellten Website nicht zu unterscheiden. Die Resonanz von Geschäftspartnern, Freunden und Kunden ist durchweg positiv.

Storytelling

Die Homepage soll auf Ihre Dienstleistung oder Ihr Produkt aufmerksam machen und Sie mit Ihrer Expertise im hellen Lichterglanz präsentieren. Dafür brauchen Sie gute Texte. »Viele wissen nicht, wie und wo sie einen Text nutzen können«, weiß Marion Weichert-Prinz, geschäftsführende Gesellschafterin des Online-Mediums und Storytelling-Portals »HAMBURG schnackt!«. Interessantes Storytelling und eine klare Zielgruppenansprache haben in der Unternehmenskommunikation eine große Wirkung.

Storytelling bedeutet, Sie erzählen eine Geschichte und erzeugen Neugierde bei Ihrer potenziellen Kundschaft. Dieses Marketinginstrument liegt im Trend, reicht es doch längst nicht mehr aus, seine Ware oder Dienstleistung über Fakten und Zahlen zu verkaufen. Die emotionale Aufladung der Zielgruppe wirkt, wie wissenschaftliche Studien beweisen. Marken wie Coca-Cola, Siemens oder Nivea vermitteln über einzigartige Geschichten ein Lebensgefühl – dass man selbst unbedingt haben möchte.

»Die Voraussetzungen für hochwertige und anziehende Aufmerksamkeit sind Unterhaltung, Emotionen und Mehrwert«, erklärt Marion Weichert-Prinz. Storytelling entwickelt einen Magnetismus, wenn die Geschichten einfach, authentisch, glaubwürdig, attraktiv und emotional sind. Erzählen Sie beispielsweise eine kleine Geschichte über das Produkt, das den Besitzer wechseln soll, geben Sie spannende Einblicke in die Produktion, Entstehung oder Fertigung. Vermitteln Sie einen Eindruck von Ihrem Alltag, erzählen Sie, was Sie planen, welche Events bevorstehen, auf welches Meeting mit Kunden, Geschäftspartnern oder den Arbeitskollegen Sie sich besonders freuen.

Denken Sie stets an den Spannungsbogen und den Mehrwert. Was hat der Empfänger davon? Was wollen Sie über die Schiene des Storytellings transportieren? Spielen Sie geschickt auf der Klaviatur von Erwartungen, Überraschungen und der Erfüllung von Sehnsüchten. »Gute Geschichten sind der rote Teppich für kaufkräftige Kunden, engagierte Mitarbeiter, Sichtbarkeit und Anziehungskraft«, betont Marion Weichert-Prinz. Sie rät dazu, am Ball zu bleiben und auch über Zwischenstände zu berichten. So bleibt die Aufmerksamkeit erhalten.

Die Besonderheit dieses Marketingtools liegt an den vielfachen Verwertungsmöglichkeiten: Storytelling eignet sich für alle Social-Media-Kanäle und Kampagnen. Mit Elementen daraus können Sie den Blog auf Ihrer Homepage bedienen, und Sie können sie in Ihre Newsletter einfließen lassen, ein effektives Mittel für den Kundenkontakt. Das E-Mail-Marketing ist einer der wichtigsten Kanäle und wesentlich kosteneffizienter als Post-Mailing.

Bloggen aus dem Ausland

Warum posten, wenn Reiseberichte gebloggt werden können? Diese Form der Sichtbarkeit nutzen viele Menschen, die sich in der Auszeit befinden – ob sie auf dem Jakobsweg wandern, in den Alpen unterwegs sind oder in Südafrika arbeiten. Mit Blogs und eigenen Instagram-Profilen werden Erlebnisse dokumentiert und für Freunde und Familie festgehalten. Mehr noch: Nach der Rückkehr können die Veränderungsprozesse in den Beiträgen nachvollzogen werden. Man kann sich wieder in die Situationen von damals einfühlen und das Erlebte für die Weiterentwicklung der Persönlichkeit nutzen. Tipp: Bei Tumblr können Sie kostenlos einen Blog anlegen. Das System ist einfach zu bedienen, und da der Fokus auf Bildern liegt, ist die Plattform auch für schreibfaule Blogger geeignet. Ein analoges Tagebuch können Sie zusätzlich führen.

Pinterest und Co.

Die Datenschutz-Skandale haben das Image von Facebook arg ramponiert, die treue Community wankt und sucht sich neue Kommunikationskanäle. Bei Instagram geht es um Postings vom Frühstücksei und Selbstdarstellung, was Spaß macht, aber sich eher im privaten Bereich abspielt. Wenn Sie mehr daran interessiert sind, neue Trends zu entdecken, ist das soziale Netzwerk Pinterest eine Alternative. Die bislang noch unterschätzte Bilder-Plattform bietet eine Fülle von Inspirationen für Fitness, Food, Einrichtung, Lifehacks, Geschenke und Gesundheit. Den Themenbereichen sind keine Grenzen gesetzt und Sammler guter Ideen und Lösungen kommen voll auf ihre Kosten. User können interessante Bilder und Ideen speichern, also auf ihre eigene Pinnwand »pinnen«. Auf diese Weise werden sie weiterverbreitet. Über 250 Millionen Menschen nutzen Pinterest regelmäßig. In Deutschland sind Schätzungen zufolge etwa 12 Millionen Nutzer aktiv auf Pinterest unterwegs.

Für Gründer ist Pinterest aus meiner Erfahrung der ideale Kanal für die Sichtbarkeit von Dienstleistungen, Produkten und Waren. Gute Aussichten für ein erfolgreiches und nachhaltiges Marketing mit wenig Aufwand! Nach einer Bewertung von Medienmachern aus dem Jahr 2019 kann mit Pinterest nachhaltig Traffic erzielt werden, weil Nutzer ihre Pins häufig anklicken. Das bedeutet: Je zeitloser ein Thema ist, desto länger ist der Gewinn an organischer Reichweite. Marketingexperten erwarten, dass Pinterest die Nummer zwei hinter Facebook wird.

Mein Rat: Ein genauer Blick auf Pinterest lohnt sich. Können Sie die Plattform für Ihre Geschäftsidee nutzen? Welche Bilder und welchen Content können Sie für die individuelle Pinnwand der User anbieten? Springen Sie auf den Zug und werden Sie mit Ihrem Business sichtbar.

Mentoring-Programme

Erfahrene Unternehmer greifen Gründern unter die Arme und helfen ihnen, ihre Flügel im neuen Business auszubreiten: Wer wünscht sich das nicht in der Startphase? Mentoring-Programme haben das Ziel, den Mentee bei der persönlichen und beruflichen Entwicklung zu unterstützen. Im Tandem geht es zum Erfolg und in die Sichtbarkeit, denn der Erfahrungsaustausch dient auch der wertvollen Kontaktpflege im Geschäftsfeld. Die Patenschaft zwischen einem erfahrenen Manager und seinem Schützling, dem Mentee, kann als Karriere-Booster dienen. Gut zu wissen: Eine Altersbeschränkung gibt es für Mentees nicht.

Der erfahrene Mentor ist Ratgeber und Förderer in einer Person, der Mentee bekommt Hilfestellung bei der Umsetzung der beruflichen Ziele und erhält ein wertvolles Feedback. Jeder, der Erfahrung in Ihrem angestrebten Berufsfeld hat, kann ein Mentor sein. Suchen Sie in Ihrem Umfeld nach einem Sparringspartner, bitten Sie einen Brancheninsider um Begleitung, sprechen Sie potenzielle Mentoren direkt an. Mut wird belohnt, und Sie gehen selbstbewusst in die Aktion.

KAPITEL 4

VON DER IDEE
IN DIE PRAXIS

Bravo! Sie dürfen sich selbst feiern, denn Sie sind weit gekommen! Sie sind bereit, Ihren Wunsch in der Realität umzusetzen, den entscheidenden Schritt zu gehen.
In diesem Kapitel gibt es zu verschiedenen Berufsfeldern ganz konkrete Informationen: welche Möglichkeiten sie bieten, welche Fähigkeiten und Talente Sie dafür brauchen, wie der Finanzbedarf einzuschätzen ist, wenn Sie sich selbstständig machen wollen, und welche Risiken und Chancen mit den Berufen verbunden sind.

4.1 DIE ENTSCHEIDUNG IST GEFALLEN

Sie sind bereit für neue Dinge in Ihrem Leben. Sie folgen Ihrem Herzen und Ihrer inneren Stimme und werden Ihren Traum leben. Ihre Verhinderer und Blockaden konnten Sie in beflügelnde Gedanken umwandeln. Umstieg oder Ausstieg – Sie machen es genau richtig und so, wie es gut für Ihre Entwicklung ist.

Halten Sie noch einmal inne und prüfen Sie in Ruhe die wichtigsten Voraussetzungen für Ihre persönliche Sinnerfüllung. Lassen Sie sich mit wichtigen Informationen versorgen, bevor Sie die Tür zum neuen Lebensabschnitt aufstoßen. Anhand der Checklisten und der Informationen zu den verschiedenen Berufsfeldern können Sie Ihren Traum noch einmal überprüfen, an der einen oder anderen Stelle vielleicht etwas nachjustieren, sich inspirieren und in Ihrem Vorhaben bestätigen lassen.

Doch zunächst stelle ich Ihnen drei Erfolgstugenden vor, die Sie im Gepäck haben sollten.

Selbstmanagement

Erfolg und Spaß hängen von konsequentem Selbstmanagement ab, das heißt: Richten Sie Ihre Lebensweise auf die Ressourcen aus. Organisation, Planung und Zielsetzung sind die wichtigsten Kriterien von Selbstmanagement. Das hat viel mit Eigenverantwortung zu tun, denn ob als Gründer oder als Mensch in der Auszeit-Phase, es ist wichtig, in der Balance zu bleiben und die Zeit und sich selbst zu managen. Planen Sie Ihren Tag, machen Sie To-do-Listen, priorisieren Sie Ihre Aufgaben, haben Sie Ihre Termine im Blick. Sie sind Ihr eigener Chef, Sie geben sich täglich selbst die Richtung vor und entscheiden, wohin und in welchem

Tempo Sie gehen. Sie sollten jederzeit den Überblick bewahren, ohne sich zu verheddern und mit immer länger werdenden Aufgabenlisten durch das neue Leben zu hecheln. Das gelingt mit Konzentration, indem Sie den Fokus auf die Prioritäten richten und für ein Gleichgewicht aus Ruhe- und Aktivphasen sorgen.

Von innen brennen

Nur wenn Ihre Motivation von innen kommt und Sie mit dem Herzen voll dabei sind, werden Sie die ersehnte Zufriedenheit und Erfüllung finden. Menschen, die den Weg des Umstiegs oder Ausstiegs gegangen sind, sprechen davon, dass sie *brennen*. Der Wunsch muss so stark, so mächtig sein, das innere Feuer für die Idee muss so hell lodern, dass Körper, Geist und Seele nur dieses eine Ziel haben. Es ist eine Begeisterung, die für ein inneres und äußeres Strahlen sorgt. Ein Energieschub mit Turbo-Wirkung. Denn es ist die Überzeugung von den eigenen Ideen und Vorstellungen, die Sie unnachgiebig am Traum festhalten lassen. Dieses Brennen macht es möglich, dass Sie kleine Stolpersteine auf dem Weg mühelos wegkicken können.

Vertrauen

Die Kraft des Glaubens an sich selbst versetzt Berge und öffnet Tore. Vertrauen ist die Überzeugung, dass der gewählte Weg genau der richtige ist. Es kommt nur Gutes auf Sie zu, und mit dem Vertrauen darauf gehen Sie gelassener in diese spannende Lebensphase. Egal, was geschieht. Vertrauen ist ein kleines Geschenk, das wir uns selbst machen. Vertrauen in uns selbst und Vertrauen in andere Menschen, denen wir in der Umstiegs- und Ausstiegszone begegnen werden, schaffen Leichtigkeit und ein offenes Herz.

Britta Janzen

© privat

Von der Redakteurin zur Inhaberin eines Geschäftes für Wolle und Wunder

Warum hast du deinen Job als Redakteurin aufgegeben?
Wie in der ganzen Branche wurden auch die Preise für freie Redakteure gedrückt. Ich wurde denen als Vollblutredakteurin einfach zu teuer. Und dann gab es diesen Moment, als ich ein Angebot aus einem großen Hamburger Verlag bekam, den Textchef für drei Wochen zu vertreten. Tagessatz 210 Euro! Einfach unglaublich. Da habe ich gedacht: So, ich muss mir was anderes suchen. Dazu kam, dass ich nach fünfundzwanzig Jahren leergeschrieben war. Ich hatte jedes Thema schon einmal gemacht. Mir fehlte die Motivation.

Wie hast du dich damals gefühlt?

Es kamen immer mehr Existenzängste hoch. Früher hatte ich deutlich mehr verdient als mein Mann, der zu dem Zeitpunkt als Programmierer selbstständig war. Es wurde nun immer ungleicher. Die Aufträge wurden weniger, weil die Konkurrenz an freien Redakteuren auf dem Markt auch immer größer wird. Das drückt die Preise. Ich konnte mir den Beruf schlicht nicht mehr leisten. Dazu kam, dass ich immer öfter vor dem PC saß und eine Schreibblockade hatte. Ich hatte das Gefühl, dass alles, was ich mache und mir über die Jahre an Erfahrungen angeeignet hatte, nicht mehr wertgeschätzt wird. Journalismus ist ohnehin eine Branche, in der es wenig Lob gibt. Die meisten Leser kritisieren die Artikel. Das ist sehr frustrierend und zermürbt auf Dauer. Manchmal hatte ich das Gefühl, ich wäre sogar als Taxifahrerin glücklicher …

Wie entstand die Idee, ein Geschäft für Wolle zu eröffnen?

Ich hatte zuletzt für einen Kieler Verlag ein Selbermach-Magazin entwickelt und war viel in der Kreativszene unterwegs. Durch Zufall hörte ich davon, dass ein Wollgeschäft in Kiel vor der Schließung stand. Ein Freund sagte mir auf einem Familienfest, dass man das Geschäft doch eigentlich übernehmen müsse. Ich habe mich schlaugemacht, was das kostet. Recherchieren kann ich ja. Wie hoch sind die Gewinnspannen bei Wolle? Welche Hersteller gibt es? Was kosten Geschäftsflächen in Kiel, und wie viel Eigenkapital habe ich? Und dann habe ich Nägel mit Köpfen gemacht und einen Businessplan verfasst.

Hast du denn eine Affinität zu Wolle?

Nein, ich konnte noch nicht mal stricken. Das ist natürlich ein Risikofaktor, wenn man sich in einer Branche überhaupt nicht auskennt. Ich bin aber ein begeisterungsfähiger und enthusiastischer Mensch. Außerdem hatte ich meine Schwiegermutter als Beraterin an der Seite, die sehr lange in einem Wollgeschäft gearbeitet hatte. Heute sage ich rückblickend, dass es durchaus ein Riesenvorteil sein kann, wenn man branchenfremd einsteigt. Man schaut bei der Gestaltung des Angebotes ganz anders drauf und ist durch die Unkenntnis frischer und unkomplizierter dabei. Ich bin objektiv und finde viele Wollsorten toll.

Gab es Zustimmung für deinen neuen Berufsplan?

Nicht nur – aus meiner Familie habe ich auch Gegenwind bekommen. Es gab auch tatsächlich ein paar Leute, die es schade fanden, dass ich nicht mehr als Journalistin arbeiten wollte. Weil sie so stolz darauf waren. Einzelhandel und Wollgeschäft klingt einfach nicht so gut, nicht so sexy.

Hat dich der Gegenwind irritiert?

Nein, ich habe nie geschwankt. Mich hat das eher angespornt. Jetzt erst recht! Meine Devise ist, dass ich es allen zeigen will. Ich habe den Kopf nicht in den Sand gesteckt und seit Oktober 2016 in einer der schönsten Einkaufszonen in Kiel ein Wollgeschäft. Ich bin froh, dass die erste Option in einem Einkaufscenter nicht funktioniert hat. Da hätte ich 3.500 Euro Miete zahlen müssen, das wäre nicht zu stemmen gewesen. Wie es der Zufall so will, habe ich dann ein Angebot für den heutigen Standort erhalten, ein ehemaliger Dönerladen.

Du verkaufst »Wolle & Wunder«, so der Geschäftsname. Was steckt dahinter?

Die Wunder sind handgemachte Sachen aus der Region. Ich habe eine Freundin, die näht kleine Taschen und Wimpelketten. Es gibt auch Recyclingprodukte aus alten Schullandkarten und Dokumentenmappen, angefertigt von der Brücke Schleswig-Holstein, einem Träger vielfältiger psychosozialer und gemeindepsychiatrischer Dienste. Also viel Handgemachtes, das man neben der Wolle kaufen kann. Zum Konzept gehört auch, dass wir Kurse und Workshops anbieten. Wir bringen den Menschen Stricken und Häkeln bei.

Wie war es mit der Finanzierung des Geschäftes?

Mir hat die Familie einen Teil des Startkapitals geliehen. Der andere Teil ist meine Altersvorsorge. Ich musste keinen Kredit aufnehmen. Das wäre auch schwierig gewesen, weil mein Mann und ich kurz vorher ein Haus gekauft hatten. Die Renovierung, der Einbau von Regalen und dem nicht zu unterschätzenden Beleuchtungssystem und die Erstausstattung mit Wolle und Nadeln haben rund 70.000 Euro gekostet.

Trägt sich der Laden mittlerweile?

Ich habe unterschätzt, wie lange es dauert, bis die Einnahmen die laufenden Ausgaben decken. Da musste ich die ersten eineinhalb Jahre Geld nachschießen. In diesem Jahr dürfte der Laden das erste Mal Gewinn abwerfen. Dennoch bin ich nicht an dem Punkt, wo ich mir keine Gedanken über die Rechnungen machen muss. Wenn das Wetter schlecht ist, kommen wenig Kunden in den Laden, und manchmal sind am Ende des Tages nur 150 Euro in der Kasse.

Hast Du den Schritt in den Einzelhandel bereut?
Mir macht die Arbeit Riesenspaß, auch wenn ich total unterschätzt habe, was es bedeutet, ein Geschäft zu führen. Ware neu
bestellen, Warenbestände pflegen, Personalplanung und Buchhaltung – das ist eine Menge. Ich habe nun vier Mitarbeiterinnen,
sonst hätte ich zu wenig Zeit für meine beiden Kinder. Die vier
reizenden Damen sind zwischen fünfundfünfzig und siebenund-
siebzig Jahre alt und alle begeisterte Strickerinnen und Häkle-
rinnen. Sie sind nachmittags im Laden. Ich kann also Urlaub machen und auch mal frei nehmen und muss den Laden dafür nicht
schließen.

Gibt es weitere Träume?
Ich träume von einer Wollladen-Kette, aber das wird dauern. Es
läuft bereits ganz gut, ich möchte jedoch weniger im Geschäft
stehen. Unabhängig davon macht mich mein Job richtig glücklich, weil ich vorher nicht wusste, wie begabt ich für das Verkaufen bin. Ich schnacke mit jedem Kunden, und es gibt so viele
nette Gespräche. Diese Branche ist sehr dankbar, weil die Kunden
schon gut gelaunt in das Geschäft kommen. Sie haben sich für ein
neues Projekt entschieden und wollen sich heute neue Wolle leisten. Dann ziehen sie noch viel glücklicher ab. Das ist unbezahlbar.

4.2 ERFOLGREICH IN GESUNDHEIT, PFLEGE UND ANDEREN SOZIALEN BEREICHEN

Welche Angebote gibt es?

Eine Auswahl: Altenpfleger, Gesundheits- und Krankenpfleger, Heilerziehungspfleger, Sozialassistent, selbstständige Pflegekraft in Kliniken und Pflegeheimen, Senioren-Assistenz, Atem-, Sprech- und Stimmlehrer, Jugendberater, Sportlehrer, Tagesmutter, externe Kinderbetreuerin, Yogalehrer, Physiotherapeut, Psychotherapeut, Hebamme, Doula, Heilpraktiker, Heilpädagoge.

Fakten und Trends

Gesundheitsberufe haben Hochkonjunktur. Das liegt hauptsächlich an dem demografischen Wandel in Deutschland mit einer überalterten Gesellschaft sowie einer höheren Lebenserwartung der Bevölkerung. Viele Berufe im Gesundheitswesen können zudem nicht automatisiert werden – der Mensch wird gebraucht. Soziale Berufe liegen im Trend, weil sie Arbeit mit Menschen ermöglichen und die Chance, im Job Gutes zu tun.

Ressourcen

- auf Menschen zugehen können
- Kommunikationsfreude
- Berührungen annehmen
- Organisationsfähigkeit
- Flexibilität
- Empathie
- Menschenkenntnis

- Toleranz und Wertschätzung
- Verlässlichkeit
- Durchsetzungsvermögen
- emotionale Kompetenz
- Hilfsbereitschaft
- gesunde Abgrenzung
- Reflexionsfähigkeit
- Verantwortungsbereitschaft
- kaufmännisches Know-how
- psychische und körperliche Belastbarkeit
- Geduld und Ruhe

Realitäts-Check

- Wie viel Geld wird für die Ausbildungszeit benötigt?
- Kommt die angestrebte Spezialisierung häufig vor?
- Welche Kundenzielgruppe soll angesprochen werden?
- Wie werden die Kunden gefunden?
- Sinnvolle Maßnahmen für Marketing und Vertrieb?
- Wie sieht die Konkurrenzlage aus?
- Wie wird der Markt eingeschätzt?
- Sind Gründungszuschüsse möglich?
- Wie ist das Auskommen in der Anfangsphase gesichert, unter Berücksichtigung von Krankenkassenbeiträgen?
- Angemessener Stundenlohn?
- Bereitschaft zu Schichtdienst, Wochenenddienst (nach Vereinbarung oder aktuellem Bedarf)?
- Ist ein Gewerbe anzumelden?
- Berufshaftpflichtversicherung?

Finanzbedarf

Der Finanzbedarf hängt unter anderem davon ab, ob Sie selbst Räume anmieten müssen, um Ihren Beruf auszuüben, oder ob Sie jeweils vor Ort arbeiten. Auch wenn Sie eine Praxis gründen, spielen viele Faktoren eine Rolle. Werden die Räume angemietet oder gekauft? Wird die Einrichtung übernommen oder neu angeschafft? Betreiben Sie die Praxis mit einem Partner oder allein?

Chancen und Risiko

Der Beruf des **Heilpraktikers** ist zum Modeberuf geworden. Fachleute sprechen sogar von einer Heilpraktikerschwemme, besonders in Ballungsgebieten. Tipp: Starten Sie als Freelancer ohne eigene Praxisräume oder wählen Sie Praxis-Sharing. Das geht stundenweise oder auch tageweise für die Anfangszeit, bis ein eigener Kundenstamm aufgebaut wurde. **Physiotherapeuten** haben sehr gute Zukunftsaussichten, weil viele Menschen in sitzender Tätigkeit arbeiten und die Therapie durch den Physiotherapeuten immer wichtiger wird. **Yogalehrer** sind sehr gefragt, diese Sportart liegt voll im Trend und begeistert immer mehr Menschen in allen Altersgruppen. Eine Spezialisierung ist daher von Vorteil. **Doulas** begleiten zusätzlich zur Hebamme werdende Eltern bei der Geburt. Ihre Aufgabe ist es, die Gebärende achtsam und liebevoll zu begleiten. Sie ist eine wichtige Vertrauensperson für die Mutter, eine emotionale Allround-Hilfe mit Wohlfühl-Ziel. Doulas haben keine Ausbildung als Geburtshelferin.

Reflexion

Habe ich die richtige Motivation für das Berufsbild? Will ich anderen helfen, weil mich dies erfüllt und weil ich es gut kann?

Oder habe ich das Gefühl, etwas gutmachen zu müssen, weil ich vielleicht einem kranken nahen Verwandten nicht helfen konnte? »Es ist gut, für andere da zu sein, aber man muss in der Lage sein, sich gesund abzugrenzen, sonst ist die Gefahr groß, in ein Burnout zu rutschen«, gibt Sabine Keiner zu bedenken.

4.3 ERFOLGREICH IN DER GASTRONOMIE- UND HOTELBRANCHE

Welche Angebote gibt es?

Einen eigenen Betrieb eröffnen, zum Beispiel: ein Café, eine Bar, einen Eissalon, eine Bäckerei, eine Kneipe, ein Restaurant, eine Pension, ein Hotel, einen Streetfood-Truck.

Fakten und Trends

Laut Statistischem Bundesamt gibt es in Deutschland 222.740 umsatzsteuerpflichtige Unternehmen des Gastgewerbes, vom Hotel über den Gasthof, die Imbissstube bis zur Bar. Die Zahl der Cafés ist jährlich ansteigend und lag im Jahre 2017 bei 11.608 Cafés zwischen Flensburg und Bodensee. Der aktuelle Trend lautet: Klein ist fein und berechenbar.

Ressourcen

- Serviceorientiertheit
- Verhandlungsgeschick mit Lieferanten
- kaufmännisches Know-how
- Flexibilität

- Kommunikationsfreude
- Organisationstalent
- Verkaufstalent
- Führungsqualitäten
- EDV-Kenntnisse für Abrechnung, Bezahlung, Reservierung, Kundendatei
- psychische und körperliche Belastbarkeit
- gepflegtes äußeres Erscheinungsbild
- höfliche Umgangsformen
- Kritikfähigkeit
- Durchsetzungsvermögen
- Fremdsprachenkenntnisse

Realitäts-Check

- Welche Rechtsform?
- Kooperationspartner?
- Sind Branchenkenntnisse vorhanden?
- Welcher Standort ist als wichtiger Erfolgsfaktor ideal?
- Ist Laufkundschaft vorhanden?
- Wie ist die Konkurrenzlage in der Region?
- Gute Erreichbarkeit für Kunden und Lieferanten?
- Welche Zielgruppe wird angesprochen?
- Welches Marketingkonzept passt?
- Einstellung von qualifizierten Mitarbeitern?
- Welche Behördengänge für Genehmigungen?
- Welche Konzessionen sind erforderlich?
- Sind staatliche Fördermittel abrufbar?
- Welche Lieferanten kommen in Frage?
- Preiskalkulation?

- Kundenbindungsmodelle?
- Bereitschaft zu flexiblen Arbeitszeiten, Schichtdienst, Sonn- und Feiertagseinsätzen?

Finanzbedarf

Experten aus der Gastro- und Hotelbranche raten zu einer hohen Eigenkapitalquote, um die kritische Gründerphase gut zu überstehen. Wenn die Banken nicht mitspielen, gibt es noch alternative Finanzierungsmodelle durch Brauereien, Getränkelieferungsverträge sowie die Business-Angels, das sind vermögende Privatpersonen, die in junge Unternehmen investieren. Kosten entstehen in der Gastronomie für Wareneinsatz, Raummiete und Personal. Empfehlenswerte Alternative zum eigenen Betrieb sind: Geschäftsübernahme, Mitgesellschafter in einem bestehenden Betrieb oder die Umsetzung eines erfolgreichen Franchise-Konzeptes. Im Kommen sind Coworking-Orte für Food-Start-ups als Teil des neuen Arbeitens mit gemeinsamer Nutzung von Räumen und Küchentechnik.

Chancen und Risiken

Der Verdrängungswettbewerb in der Branche ist groß. Klassische Kaufkriterien für Kunden sind bislang Preis, Standort, Qualität. Die Digitalisierung bietet jedoch viel Potenzial für die Kundengewinnung. Individualisierung und Erlebnisanspruch sind die neuen Kriterien, weil Kunden begeistert werden möchten. Mit einem ausgefallenen und individuellen Konzept wie einer außergewöhnlichen Speisekarte oder einer besonderen Einrichtung heben Sie sich vom Mitbewerber ab und schaffen ein Alleinstellungsmerkmal.

Reflexion

Bin ich wirklich bereit, mich auf das Abenteuer eines eigenen Cafés oder einer eigenen Pension einzulassen? Stemme ich im Zweifelsfall alleine Einkauf, Buchführung, Produktauswahl, Marketing und den ganzen Papierkrieg, bevor der erste Kaffee aus der Maschine rinnt oder der erste Gast auf die Rezeptionsklingel drückt? Bin ich mir darüber im Klaren, dass der Arbeitsaufwand meine Freizeit deutlich beschneiden wird?

4.4 ERFOLGREICH IN KULTURELLEN UND KREATIVEN BERUFEN

Welche Angebote gibt es?

Eine kleine Auswahl aus der bunten Vielfalt: Architekt, Kunsttherapeut, Gestaltungstherapeut, Raumausstatter, Fotograf, Galerist, Bildhauer, Autor, Redakteur für digitale Medien, Mediengestalter, Designer, Grafiker, Musiker, Filmemacher, Gestalter für visuelles Marketing, Friseur, Maler, Goldschmied, Gärtner, Klavierbauer, Koch, Konditor, Modeschneider, Änderungsschneider, Tanzlehrer, Kerzenhersteller.

Fakten und Trends

Die Kultur- und Kreativwirtschaft boomt. Viele Menschen mit schöpferischer und gestalterischer Begabung finden hier ihre sinnerfüllende Nische. Freie Berufe und Kleinstbetriebe prägen diesen dynamischen Wirtschaftszweig, der in Sachen Wertschöpfung nach Berechnungen des Bundesministeriums für Wirtschaft und Energie (BMWi) mit 102,4 Milliarden Euro (2017) noch vor anderen wichtigen Branchen wie der chemischen Industrie, den Energieversorgern und Finanzdienstleistern liegt.

Ressourcen

- hohes Maß an Kreativität
- Freidenker-Lust
- Fantasie
- Mut
- Durchsetzungskraft
- Individualität
- Fähigkeit, zwischen Phasen der Träumerei und Phasen extremer Konzentration zu wechseln
- handwerkliches Geschick
- Sorgfalt
- Hartnäckigkeit
- räumliches Vorstellungsvermögen
- Sinn für Ästhetik
- Neugierde
- Offenheit für Neues
- Experimentierfreude
- Hang zum Querdenken und Anderssein
- Selbstmanagement
- unternehmerisches Know-how
- flexible Arbeitszeiten

Realitäts-Check

- Welche Rechtsform?
- Welche Trends gibt es auf dem Zielmarkt?
- Wie hoch ist das Marktpotenzial für die Produktidee?

- Wo ist die Konkurrenzlage in der Region?
- Welche Anforderungen muss der ideale Standort erfüllen?
- Wer sind die potenziellen Auftraggeber und Kunden?
- Welche Spezialisierung für den Erfolg?
- Idee für Marketingkonzept und Vertrieb?
- Zu welchem Preis wird die Ware/Dienstleistung angeboten?
- Freier Beruf oder Gewerbe?
- Urheberrecht und andere rechtliche Themen?
- An Anmeldungen und Genehmigungen gedacht?
- Welche privaten und beruflichen Versicherungen werden benötigt?
- Sind öffentliche Förderprogramme vorhanden?
- Welche Mitgliedschaften, beispielsweise in Berufsverbänden, sind sinnvoll?
- Kreative Netzwerke?

Finanzbedarf

Die Startkosten können gering ausfallen, wenn es nur um die Anschaffung von Laptop, Büroausstattung, Material für die künstlerische Arbeit, die Büro-, Laden- oder Ateliermiete geht – oder die Arbeit im Homeoffice ausgeführt wird. In einem Coworking Space beispielsweise in einem Gründerzentrum zu arbeiten liegt im Trend und wirkt inspirierend. Gängiges Modell im Ausland und auch in Deutschland auf Wachstumskurs ist die »Stuhlmiete« als kostengünstige Chance für Friseure. Sie betreiben in einem Café oder einer Boutique ihren eigenen Mini-Salon.

Chancen und Risiken

Hartnäckig hält sich das Klischee von der »brotlosen Kunst«. Das mag daran liegen, dass Kreative oft übersehen, dass für den dauerhaften Erfolg auch unternehmerisches Geschick notwendig ist. Zu den von den Gründern genannten häufigsten Schwierigkeiten gehören eine unausgereifte Geschäftsidee, fehlende Mitgründer und schlechte kaufmännische Kenntnisse. Tipp: Besonders für kreative Gründer gibt es eine Vielzahl von Beratungsangeboten und spezialisierten Anlaufstellen für den guten Start in die Selbstständigkeit.

Reflexion

Traue ich mir zu, meine Schaffenskraft und meine kreativen Einfälle so umzusetzen, dass ich damit meinen Lebensunterhalt bestreiten kann? Biete ich eine Leistung an, mit der ich mir einen eigenen Kundenstamm aufbauen kann?

4.5 ERFOLGREICH IN DER DIENSTLEISTUNG

Welche Angebote gibt es?

Eine kleine Auswahl von Jobs in der Dienstleistungsbranche: Chef einer Eventagentur, Coach, Trainer, Unternehmensberater, Finanzberater, Bio-Laden, Blumengeschäft, Weinhandel, Boutique, Online-Agentur.

Fakten und Trends

Der Coaching-Markt ist stark in Bewegung. Nach einer Studie (WeiterbildungsSzene Deutschland 2018) prägen freiberufliche

Anbieter mit einem Marktanteil von 54 Prozent die Branche. Langjährige Erfahrung in der Wirtschaft und eine starke Spezialisierung werden von den Kunden belohnt. Externe Unternehmensberater begleiten nicht nur die Führungsebene, sondern sind zunehmend als Strategieberater in operativen Geschäften in enger Kooperation mit den Mitarbeitern des Kunden gefragt. Durch diesen Trend wächst der Markt stärker, Nachwuchs-Consultants haben Hochkonjunktur!

Ressourcen

- serviceorientiert
- Einsatzwille
- auf andere Menschen zugehen können
- Verhandlungsgeschick
- Freude am Kundenkontakt
- Organisationstalent
- geistige Flexibilität
- kaufmännisches Know-how
- Belastbarkeit
- Fähigkeit zur Selbstmotivation
- Verantwortungsbewusstsein
- hohes Engagement
- Zuverlässigkeit
- Spaß an eigenständiger Arbeit

Realitäts-Check

- Welche Rechtsform?
- Welchen Kundennutzen hat das Angebot?
- Welche Zielgruppe soll angesprochen werden?

- Wie sieht der Mitbewerber-Markt aus?
- Welche Spezialisierung steigert die Nachfrage?
- Ist Erfahrungswissen vorhanden?
- Welche relevanten Marketingkanäle passen?
- Wie sieht es mit Kundenbindungsmodellen aus?
- Welche Preise für die Ware/Dienstleistung können kalkuliert werden?
- Welche Lieferanten und Dienstleister sind mit im Boot?
- Bereitschaft für überdurchschnittlich viel Aufbauzeit in der Startphase?
- Formalitäten, Vorschriften und Regelungen für das Ladengeschäft geklärt?
- Freier Beruf oder Gewerbe?

Finanzbedarf

Coach, Trainer und Unternehmensberater können im Homeoffice beraten und für Gruppenseminare Räume extra anmieten. Eine feine Adresse in guter Gegend ist förderlich bei der Akquise von Kunden aus dem gehobenen Segment. Der Traum vom eigenen Laden lässt sich über ein eigenes Konzept oder als Franchise-Alternative realisieren. Bei der Konzeption müssen die laufenden Kosten wie Wareneinsatz, Miete/Pacht und Personalkosten berücksichtigt sein. Das Shop-in-Shop-System für den eigenen Blumenladen oder das Wollgeschäft kann den Kunden einen interessanten Erlebniseinkauf bieten.

Chancen und Risiken

Die Berufsbezeichnung »Coach« ist nach wie vor nicht geschützt, der Markt daher undurchsichtig für Beratungssuchende. Für den

Traum vom eigenen Laden sind die Wahl des idealen Standortes und ein überzeugendes Geschäftskonzept die wichtigen Erfolgsgaranten.

Reflexion

Tipp von Coach Sabine Keiner: »Was machen andere im Umfeld gut, was kann ich übernehmen oder sogar noch besser machen?«

4.6 ERFOLGREICH SINNVOLLES IN DER HEIMAT UND IM AUSLAND TUN

Welche Angebote gibt es?

Hier nur einige Specials für Freiwilligenarbeit im Ausland und in Deutschland: Rundreise durch Nepal und Arbeit im Elefantenprojekt, Kunsthandwerker in Indien unterstützen, Workcamp zum Erhalt eines UNESCO-Weltkulturerbes, Unterstützung in der Landwirtschaft für ein Massai-Volk, Farm- und Bienenprojekt in Kolumbien, Farm-Volunteer in Vietnam, Einsatz für bedrohte Wildtiere in Namibia, Pflege von Straßenhunden auf Sri Lanka, Lernen von nachhaltiger Landbewirtschaftung auf Bio- und Selbstversorgerhöfen in ganz Deutschland.

Fakten und Trends

Aufgrund der demografischen Entwicklung und der Sinnsuche steigt die Zahl der Menschen über dreißig, die sich in Volunteer-Projekten engagieren wollen. »30+« und »50+« nennen sich

Angebote der Freiwilligenarbeit und des Volunteering für Menschen dieser Altersklassen. Die Art der Arbeit und die Gruppenzusammensetzung werden vom Anbieter entsprechend geplant. Kinderbetreuung, Unterrichten, Tierschutz und Naturschutz in den beliebten Zielen Südafrika, Indien und Nepal sind sehr gefragt, so die Auskunft des Portals »Freiwilligenarbeit«, Deutschlands größter, Plattform für das ehrenamtliche Engagement im Ausland.

Notwendige Ressourcen
- Offenheit für andere Länder, Sitten und Gebräuche
- Flexibilität
- je nach Angebot die Bereitschaft, eine neue Sprache zu lernen
- Sprachkenntnisse in Englisch
- Neugierde
- Eigenverantwortung
- Selbstständigkeit
- Eigeninitiative
- Anpassungsfähigkeit
- Empathie im Umgang mit Menschen

Realitäts-Check
- Welche Erwartungen soll das Freiwilligenprojekt erfüllen?
- Entspricht das Projekt den Fähigkeiten, Interessen und Talenten?
- Wie wichtig ist ein bestimmtes Land oder sprachliches Umfeld?
- Ist die Bereitschaft vorhanden, im Team zu arbeiten?
- Ist die Bereitschaft vorhanden, Arbeiten zu übernehmen, die man sich nicht immer aussuchen kann?

- Ist eine Akzeptanz für Arbeitszeiten vorhanden, die sich nach dem Bedarf vor Ort richten?
- Welche Unterlagen werden für den Auslandseinsatz benötigt?
- Einreisebestimmungen des Ziellandes?
- Ist ein Visum notwendig und der Reisepass noch gültig?
- Ist ein Internationaler Führerschein notwendig?
- Muss der Flug selbst gebucht werden?
- Kreditkarte für Auslandsaufenthalt vorhanden?
- Ist eine Auslandskrankenversicherung abgeschlossen?
- Ist eine Haftpflicht- und Unfallversicherung abgeschlossen?
- Sind Abwesenheit und Erreichbarkeit organisiert?

Finanzbedarf

Volunteering wird meist nicht vergütet, eine transparente Budgetplanung für den Auslandaufenthalt ist unumgänglich. Die Ausgaben lassen sich schwer pauschalisieren, belaufen sich nach Angaben von Veranstaltern auf rund 3.000 Euro als Gesamtkosten für einen bis zu dreimonatigem Aufenthalt. Bei den staatlich geförderten Freiwilligendiensten wird ein Großteil der Kosten gedeckt.

Chancen und Risiken

Wichtig ist neben der Suche nach der »Einsatzstelle« die Trägerorganisation. Jeder Träger hat ein eigenes Profil, ein Programm und eine besondere Haltung, die passen müssen. Bei der Auswahl sollten Sie auf Qualität und Seriosität sowie ein Qualitätssiegel achten, damit es nach Reiseantritt keine bösen Überraschungen vor Ort gibt. Seriöse Anbieter verlangen meist ein erweitertes polizeiliches Führungszeugnis. Die Planungsphase vor dem Einsatz ist nicht zu unterschätzen, sie dauert mindestens drei Monate.

Reflexion

Der Freiwilligendienst ist eine ernstzunehmende Verpflichtung und nicht immer einfach und spaßig. Während der Einsatzzeit steht die Projektarbeit im Vordergrund. Sind Sie zu diesem Schritt wirklich bereit? Die Belohnung können inspirierende Erfahrungen sein, die Sie möglicherweise zu einem sinnerfüllenden Job führen.

4.7 ERFOLGREICH IN DER AUSZEIT

Welche Angebote gibt es?

Im Kloster leben, als Weltenbummler unterwegs sein, den Jakobsweg gehen, in den Appalachen wandern, in einem Ashram in Indien leben, mit Beduinen unterwegs sein, eine Weltreise auf einem Luxusliner machen, als digitaler Nomade in Skandinavien unterwegs sein, ein Yoga-Retreat auf Ibiza machen, in Ökodorfgemeinschaften in Italien oder London leben, ein Haus bauen, Weiterbildungskurse belegen, einen Fernstudiengang absolvieren, einen Online-Shop aufbauen – der Fantasie sind keine Grenzen gesetzt.

Fakten und Trends

Viele Menschen träumen von einer Auszeit, um ihre lang gehegten Wünsche verwirklichen zu können. Nach Schätzungen von Experten nehmen nur drei Prozent der Angestellten eine Auszeit, weil sie sich ausgebrannt fühlen. Die häufigsten Gründe für ein Sabbatical sind neben der Reiselust der Weiterbildungshunger oder die profan klingende Idee, das Sabbatical für den Bau des Eigenheims zu nutzen.

Ressourcen

- Kontaktfreude
- Offenheit für andere Menschen und Kulturen
- Sprachkenntnisse
- Anpassungsbereitschaft
- Flexibilität
- Neugierde
- Mut
- Organisationstalent
- Selbstmanagement
- Durchhaltevermögen
- Geduld
- Bereitschaft, auf Luxus und Komfort zu verzichten

Realitäts-Check

- Vertragliche Sabbatical-Regelung mit dem Arbeitgeber mit Anspruchsklausel auf den alten Job unterschrieben?
- Welches Motiv steht hinter dem Auszeit-Wunsch?
- Welchen konkreten Plan verfolge ich? Längere Zeit an einem Ort oder im Reise-Modus?
- Allein oder mit der Familie unterwegs?
- Was passiert mit der Familie in der Auszeit?
- Sind Einsparpotenziale auf der Ausgabenseite möglich?
- Wird die Wohnung behalten und untervermietet?
- Budgetplan für die Auszeit vorhanden?
- Ist die Abwesenheit organisiert? Post, Anrufe, Erreichbarkeit per Mail?
- Auslandskrankenversicherung?
- Sind Impfungen nötig?

- Wie soll die Rückkehr gestaltet werden?
- Kontaktpflege zu Freunden, die für den beruflichen Einstieg nach der Auszeit wichtig sind?

Finanzbedarf

Die Lebenshaltungskosten hängen davon ab, wie die Auszeit konkret gestaltet wird. In jedem Fall sollte ein Finanzplan mit den derzeitigen Ausgaben und dem Budget für das geplante Sabbatical aufgestellt werden.

Chancen und Risiken

»Dort, wo es möglich ist, sollten die Kosten runtergeschraubt werden«, rät Coach Sabine Keiner. »Viele würden gern eine Auszeit nehmen, aber gleichzeitig ihren Lebensstandard mit schönem Haus, teurer Kleidung und regelmäßigen Restaurantbesuchen beibehalten. Sie sind nicht bereit, eine Zeitlang auf gewisse Dinge zu verzichten. Beides geht nicht. Daran scheitert oft die Auszeit.« Ihr Tipp: die Wohnung behalten und untervermieten.

Reflexion

Geht es nach der Auszeit weiter wie vorher, oder kann sie als Sprungbrett für eine berufliche Neuorientierung dienen?

KAPITEL 5

ZU GUTER LETZT

Sie kennen Ihren Plan B, haben sich informiert,
sind gut vorbereitet und hochmotiviert, ihn umzusetzen –
und zögern. Was, wenn es nicht klappt? Wenn ich scheitere?
Warum Sie dieser Gedanke nicht stoppen soll,
erfahren Sie in diesem Kapitel.

5.1 SCHEITERN ALS CHANCE

Scheitern ist ein großes Wort. Ein Wort mit vernichtender Kraft. Auch bei mir löst es ungute Gefühle aus. Mit Scheitern verbinde ich spontan das Bild eines Menschen, der sturmzerzaust an einer Klippe steht, einen Schritt vom Abgrund entfernt. »Bist du gescheitert, bist du raus. So ist es in Deutschland. Du wirst in eine Ecke gestellt«, sagt Christine Werner, Coach in Berlin. Sie unterstützt ihre Klienten mit frischen Impulsen und einer ordentlichen Portion Motivation dabei, berufliche Erfüllung zu finden. Dafür verbindet sie wirtschaftliches Know-how mit einem herzzentrierten Ansatz.

Die Amerikaner gehen mit Misserfolg angeblich besser um. Im Silicon Valley, so heißt es, erhalten Gründer erst dann das Ritterkreuz, wenn sie mindestens drei Pleiten hingelegt haben. Wir hingegen sind eine Nation von Angsthasen, die Existenzgründungen vermeiden, weil sie davon überzeugt sind, dass beim kleinsten Fehler das Scheitern automatisch programmiert ist. Ich halte dagegen: Umdenken, anders denken, anders sprechen! Denn Scheitern ist auch eine Chance. So wie Phönix aus der Asche können auch wir uns wieder neu erfinden, kraftvoll die Flügel ausbreiten und uns emporschwingen.

Hört sich das für Ihre Ohren zu kühn an? Es ist schnöde Realität, denn mit der Geschäftsidee in den Misserfolg zu rutschen bietet großartige Möglichkeiten der Nachkorrektur. Das gilt auch für den sinnerfüllenden Einsatz im Ausland, der sich als Vollzeitjob unter schwierigen klimatischen Bedingungen entpuppt. Die Weltenbummler-Phase mag ein viel schwierigeres Unterfangen als gedacht sein, weil Flüge vor Ort ausfallen und die Verbindungen zu den Traumorten nicht funktionieren.

»Es ist nichts umsonst. Die Erfahrungen prägen uns und machen uns reich. Sie sind es, die am Ende zählen«, weiß Christine Werner aus vielen Gesprächen mit ihren Klienten. Scheitern als Wendepunkt. Das hört sich doch gut an. Warum?

Neue Türen öffnen sich

Im Leben gibt es keine Zufälle. Das ist ein universales Gesetz, das für alle Begegnungen und Erlebnisse auf unserem Lebensweg Gültigkeit hat. Demzufolge ist eine berufliche Schieflage nicht einfach nur Schicksal, mit dem wir hadern. Für gescheiterte Pläne in der Auszeit oder für die Sinnerfüllung im Auslandseinsatz gilt das ebenfalls. Es soll so sein, und wir stehen genau dort, wo wir stehen sollen.

Es soll so sein, und wir stehen genau dort, wo wir stehen sollen. Diesen Satz habe ich mal in einem schlauen Buch gelesen. Er gab mir Aufwind, wenn die Auftragslage mir die Sorgenfalten in die Stirn zeichnete oder ein großer Kunde seinen Vertrag doch nicht verlängerte. Getreu dem Motto, wenn eine Tür sich schließt, dann öffnet sich eine andere, kam unverhofft aus einer ganz anderen Ecke ein Kunde hereinspaziert. Ein Auftraggeber, der viel besser zu meinem Portfolio passte und verschüttete Fähigkeiten aktivierte. Plötzlich lief es wieder wie am Schnürchen, und ich hatte gut zu tun, manchmal sogar mehr, als mir lieb war.

Du kannst nicht scheitern. Geplatzte Projekte und Ideen können Teil der Selbstständigkeit und der Auszeit sein – weil wir aus ihnen lernen sollen. »Die Stimmung sackt ab, und die Ängste kommen hoch. Es ist eine große Chance, sich ihnen zu stellen. Es braucht Vertrauen in die Prozesse. Ich werde getragen, und mir wird etwas Neues geschenkt«, ergänzt Christine Werner.

Ihre lang geplante Wanderung über die Alpen wird zum Fiasko, weil Ihre körperliche Fitness nicht ausreicht. Ihr mit viel Aufwand eingerichteter Showroom für die Möbel aus Ihrer eigenen Manufaktur wird nur einmal wöchentlich von der Putzfrau betreten. Der Yogakurs mit energetisierenden Asanas und Mudras, den Sie intensiv vorbereitet haben, wird nur von drei Teilnehmern gebucht. Die Gestecke in Ihrem Blumenladen sehen zauberhaft aus, stehen aber als Ladenhüter bis Geschäftsschluss in der Vase. Wenn unser Plan nicht funktioniert, will das Leben uns etwas mitteilen. »Das Leben gibt uns sehr schnell Rückmeldung und bringt uns in die Energie, die zu uns passt. Das Leben ist intelligent«, sagt Christine Werner.

Das Leben ist intelligent: Was bedeutet das für die oben genannten Beispiele? Sie brechen die Alpenwanderung ab und wandern stattdessen durch malerische Täler. Sie schließen den Showroom und konzentrieren sich auf den Online-Shop, in dem Ihre Möbel der absolute Verkaufsschlager sind. Sie konzipieren den Yogakurs um, bieten ihn zur frühen Morgenstunde am Strand an, und bald müssen Sie eine Warteliste anlegen. Sie bieten die Gestecke in einem auffälligen Arrangement zu einem Festpreis von zehn Euro an, womit sie plötzlich mehr Beachtung finden und die Kundenherzen erfreuen. Der Laden floriert.

Das Nachjustieren einer Geschäftsidee ist kein Eingeständnis eines Fehlers, sondern zeigt vielmehr Flexibilität und die Bereitschaft, sich an die realen Marktverhältnisse und die aktuelle Nachfrage anzupassen. »Man muss über die Hürde springen und darf nicht gleich alles wegwerfen. Man muss mutig sein und sich sagen: Okay, dann mache ich es anders, wenn ein Projekt nicht funktioniert. Keiner sollte ewig lang ein totes Pferd reiten«, rät

Christine Werner. Entwickeln Sie neue Visionen und bleiben Sie am Ball. Oftmals läuft das Geschäft erst durch eine Nachkorrektur und Neuausrichtung so gut wie erhofft. »Es bleibt meist nie so, wie es ist. Es gibt keinen Stillstand, und man muss bestrebt sein zu wachsen und sich zu vergrößern. Sonst degeneriert man mit seinem Unternehmen«, lautet der Rat von Rosa, die sich mit ihrer Kampfsportschule einen Traum verwirklichte.

Wenn Ihr Business dennoch nicht zündet und der erhoffte Erfolg ausbleibt, kann das mehrere Ursachen haben.

Sind Sie dem Ruf der anderen gefolgt? Ein beruflicher Neuanfang erfordert viel Mut und Disziplin. Besonders dann, wenn Sie Menschen in Ihrem Umfeld haben, die Sie davon abbringen wollen. Die Gegenspieler im Freundes- und Familienkreis können den angestrebten Weg vernebeln und einen Richtungswechsel auslösen, der weder Ihrer Intuition noch Ihrem Herzen entspricht. Sind Sie tatsächlich an dem Ort, den Sie sich als Ziel gesetzt hatten? Sind Sie Ihrem Traum gefolgt oder einem anderen? Eine halbherzig getroffene Entscheidung holt Sie wieder ein, weil Sie nicht hundertprozentig hinter dem stehen, was Sie gerade machen. Folgen Sie Ihrer Berufung!

Überprüfen Sie Ihre Werte, Ihre Haltung und Ihre Motivation. Beim Selbstcheck in der Vorstufe für die Neuausrichtung haben Sie Ihre Werte erarbeitet (siehe Seite 127). Sie sind eine wichtige Grundlage für einen erfolgreichen Plan B. Sind Sie diesen Werten treu geblieben? Gehen Sie einer Tätigkeit nach, mit der Sie Ihre Werte leben können? Vielleicht sind Ihnen die Werte in der Hektik des Alltags verloren gegangen. Sie wollten doch Ihr eigener Chef sein. Dann holen Sie sich Unabhängigkeit und Freiheit zurück! Die Motivation ist der Motor für den Umstieg, denn von der Motivation hängt die glücksbringende Erfüllung ab. Haben Sie nur aus Frust über den Job in der Festanstellung gekündigt und vermissen Sie nun Ihre alte Tätigkeit? Brennen Sie hell für das, was Sie tun, oder flackert hier nur ein schwaches Licht? Unsere Haltung nehmen wir immer mit in das neue Business. Wenn das Glas trotz grandioser Auftragslage und begeisterter Kunden in Ihrer Gedankenwelt immer nur halb voll ist, sollten Sie Ihre Haltung korrigieren. Die Haltung als Grundeinstellung zum Leben beeinflusst den Blick, den Sie auf sich und Ihre Außenwelt haben.

Fehlerkorrektur darf sein

Aus Fehlern lernt man, heißt es. Wie wahr! Gerade in der Selbstständigkeit gibt es einige Fallen. Es hat weder mit Versagen noch mit Unfähigkeit zu tun, in diese Fallen zu tappen. Kommen Sie wieder raus, und justieren Sie nach. Das ist einfacher als gedacht und von großer Bedeutung, damit Sie Ihren Weg mit festem Blick und geradem Rücken vorwärtsgehen können.

Fehler zu machen ist menschlich. Wir sind keine Roboter, und selbst die erfolgreichsten Unternehmer stehen zur Fehlerkultur. Sie bekennen sich dazu, das eine oder andere Geschäft voreilig abgeschlossen zu haben, obwohl der gesunde Menschenverstand und die Fakten dagegensprachen.

Die drei größten Fallen in der Selbstständigkeit
Dumpingpreise. Verständlich, dass der Einstieg in das Marktgeschehen schnell potenzielle Kunden begeistern soll, damit die

Kasse klingelt. Gern wird der Rotstift bei der eigenen Dienstleistung, der Ware oder dem Produkt angesetzt. Viele vergessen aber Ausgaben wie Krankenkassenbeiträge, Steuern und Versicherungen, die alle von den Einnahmen gedeckt werden müssen. Die Rechnung geht plötzlich nicht auf, zumal viele Tätigkeiten wie Buchhaltung und die Neukundenakquise, unbezahlt geleistet werden müssen. Mit Dumpingpreisen machen Sie sich zudem den eigenen Markt kaputt, denn Sie ziehen Kunden an, die womöglich gar nicht zu Ihnen passen. Schlecht bezahlte Aufträge machen auf Dauer wenig Spaß. Billig steht oft im Zusammenhang mit wenig hochwertiger Ware oder Dienstleistung, denn Produktpreis und Stundenlohn werden mitunter als Qualitätsmaßstab interpretiert. Und Sie wollen sich doch keinen Namen als Billigheimer machen. Verkaufen Sie sich niemals unter Wert! Wenn Sie zu niedrig eingestiegen sind, korrigieren Sie die Preise nach oben. Zufriedene Kunden bleiben Ihnen weiterhin treu, und es kommen neue Kunden dazu, die besser zu Ihnen passen.

Selbst und ständig. Diese Formel in der Selbstständigkeit ist bekannt. Besonders in der Anfangszeit sind 24 Stunden viel zu kurz für alle Aufgaben, die erledigt werden müssen. Es ist eine Frage der Erwartungshaltung an sich selbst und des konsequenten Zeitmanagements. Wo steht geschrieben, dass ein Selbstständiger rund um die Uhr für die Kunden da sein muss, jede Mail sofort beantworten und schon beim ersten Klingeln des Telefons abheben muss? Selbstständigkeit bedeutet eben auch Selbstfürsorge für sich, bevor die Batterie leergelaufen ist.

In den ersten Jahren meiner Selbstständigkeit bin ich in diese Falle getappt und stand selbst und ständig unter Strom. Bereits in den frühen

Morgenstunden lag ich wach und ging in wachsender Panik den Tag durch, der wieder einmal zu vollgepackt war. Ich habe zwei Dinge gelernt und umgesetzt: Kunden schätzen Zuverlässigkeit, aber ich bin nicht ihr Sklave, der sofort hektisch agiert, wenn sie per Mail oder Telefon ein Anliegen kommunizieren. Wie wichtig ist das Anliegen? Ich melde mich dann, wenn Ruhe und Zeit es zulassen. Dann bin ich konzentriert dabei und ganz Ohr.

Die zweite Lektion: Mehr Freizeitgewinn durch die Abgabe von Aufgaben an Spezialisten. Die Buchhaltung übernimmt mein Steuerberater, das Layout für den neuen Flyer ein Grafiker. Freie Tage und Urlaub plane ich rechtzeitig ein – sie sind meine Auftankstation für Leistungsfähigkeit und Kreativität. Davon profitiere nicht nur ich – der Kunde freut sich über ein frisches Gesicht und einen Auftragnehmer voller Elan.

Schlechte Zahlungsmoral akzeptieren. Die Angabe der Zahlungsfrist ist die wichtigste Zeile auf der Rechnung. Je länger die Zahlungsfrist ist, desto höher ist das Risiko für jeden Selbstständigen, weil er teilweise über Wochen in Vorleistung gehen muss. Wenn nach langer Wartezeit ein großer Auftrag ohne Bezahlung bleibt, kann das dramatische Auswirkungen haben. Tipp 1: Vereinbaren Sie für Großaufträge mit umfangreicher Leistung, die über einen längeren Zeitraum erbracht wird, eine Ratenzahlung. Beispielsweise kann die erste Rate von 30 Prozent mit Beginn der Arbeiten fällig werden, die zweite Rate erfolgt zur Halbzeit und die Schlussrate mit der Vollendung des Auftrages. Tipp 2: »Die Rechnung ist sofort fällig.« Diese Formulierung veranlasst den Kunden meist dazu, die Rechnung rasch an die Buchhaltung weiterzuleiten. Dann dauert es ohnehin noch ein paar Tage, bis der Betrag überwiesen und auf das Konto gebucht wird.

Auch wenn Sie um sofortige Begleichung der Rechnung bitten, sollten Sie dem Kunden vierzehn Tage Zeit lassen, bevor Sie nachfragen. Ein persönliches Telefonat ist bei einem Zahlungsverzug hilfreich. Nicht immer steckt eine böse Absicht dahinter, einige Kunden haben die Rechnung schlicht beiseitegelegt und die Überweisung vergessen. Eine freundliche Erinnerung wirkt Wunder.

Loslassen, akzeptieren und weitermachen

Der Worst Case ist eingetroffen. Sie haben zu wenig Aufträge bzw. Kunden, und die Rücklagen sind aufgebraucht. Die Felle schwimmen weg, Sie geraten in Panik. War es das mit der Selbstständigkeit? Ist der Versuch, dem Leben mehr Sinn und Zufriedenheit zu geben, gescheitert? War die Auszeit im Ausland lediglich eine dumme Idee, weil das Pech Sie verfolgt? Die Macht der Gedanken versetzt Berge, wie wir wissen. Christine Werner setzt genau dort an: »Es gilt, sich darauf zu konzentrieren, dass es einem gut geht. Kommen Sie in die Fülle. Wenn man es schafft loszulassen, ist der Raum wieder frei.«

Das Zauberwort heißt Loslassen. Akzeptieren, dass die Dinge gerade so sind, wie sie sich darstellen. Annehmen, dass sich Gefühle von Angst, Wut, Enttäuschung und Traurigkeit breitmachen. Diese Art des Loslassens und die Akzeptanz der Machtlosigkeit ist mit Schmerz verbunden. Es sind wichtige Dinge im Gange, die nur zu unserem Besten sind. »Ich sage immer meinen Klienten: Nichts war umsonst und für die Katz. Es hat alles einen tieferen Sinn und ist die Bestimmung des Lebens«, so Christine Werner.

Ihrer Erfahrung nach sind erfolgreiche Unternehmer risikofreudig und stürzen sich gerne auf eine andere Geschäftsidee. »Wenn es nicht klappt, machen sie einfach was anderes.«

Es mag sein, dass Ihnen diese Aufforderung in einer Business-Schieflage wenig hilfreich erscheint. Aber selbst die Erfolgskurve der erfolgreichsten Manager und Unternehmensgründer saust wie eine Achterbahn mal nach unten und dann wieder nach oben. Viele haben nach einer Pleite wieder ganz von vorn angefangen – und es gepackt. Bill Gates, der mit Microsoft zu einem der reichsten Männer der Welt wurde, fuhr mit seinem ersten Unternehmen nur Verluste ein. Frank Thelen, der in der Jury von die »Höhle der Löwen« sitzt, verdient als Gründer und Investor mit Start-ups in der IT-Branche Millionen. Zuvor legte er zwei Pleiten hin und war so verschuldet, dass er sich nicht einmal mehr ein Handy leisten konnte. Vier Pleiten waren es sogar bei PayPal-Gründer Max Levchin.

Trotz Bankrott und krachendem Scheitern gaben diese Unternehmer nie auf. »Ich kenne niemanden, bei dem die Erfolgskurve stetig nach oben geht«, betont Christine Werner. Das gilt auch, wenn Sie im Ausland tätig sind oder sich eine Auszeit gönnen. Nicht aufgeben, an sich selbst glauben, den Kurs korrigieren und weitergehen! Bei jedem Schritt nach vorne pushen Sie Ihre Entwicklung. Öffnen Sie sich der Lektion des Lebens.

Hinfallen,
aufstehen,
Krone richten,
weitergehen.

5.2 VERÄNDERUNG HAT IHREN PREIS

Wir lassen Altes zurück und gehen in neue Welten: Jede Veränderung hat ihren Preis. Wir brauchen Zeit, Energie und Durchsetzungskraft auf dem Weg zum Ziel. Das ist nicht einfach mit einem Fingerschnipp zu erreichen und schon gar nicht von heute auf morgen. Von diesem Prinzip ist niemand auf der Welt ausgenommen. Wer sich im Beruf einen Namen machen will, muss Kongresse besuchen, auf Netzwerktreffen sichtbar sein und viele Kontakte knüpfen. Wer mit seinem Business Erfolg haben möchte, muss Kunden von seiner Idee begeistern und auf Akquise-Tour gehen. Bevor die Ernte eingefahren werden kann, muss die Saat in die Erde gebracht werden.

Sie brauchen Zuversicht und den festen Glauben, dass die angestrebte berufliche Umorientierung genau das Richtige ist, um bereit zu sein, den Job, die gewohnte Routine zu verlassen. Die Routine mag oft langweilig sein, das Arbeitsumfeld nervig, der Druck zu hoch – dennoch ist es vertraut.

Natürlich prägen Termindruck und immer die gleichen Arbeitsabläufe auch den Alltag in der Selbstständigkeit. Es gibt jedoch einen großen und gewinnbringenden Unterschied: »Du arbeitest nicht mehr für andere, du arbeitest nur noch für dich! Du gestaltest deinen Tag selbst«, weiß Christine Werner aus Erfahrung. Ich kann das nur bestätigen: Es ist ein anderes Tun, eine andere Energie in der Rolle als Chefin. Den Hut aufzuhaben und selbstbestimmt agieren zu können macht eine unglaubliche Freude. Es beflügelt, und es ist dieses Gefühl von Sinnhaftigkeit, das Festangestellte so oft vermissen. Obendrein ist es das Gefühl, gebraucht zu werden, das Menschen begeistert, die in der Lebensmitte – vielleicht nachdem die Kinder aus dem Haus sind – noch einmal durchstarten.

Jede Medaille hat eine Kehrseite, denn die große Mega-Freiheit in der Selbstständigkeit kippt ins Gegenteil, wenn keine gesunde Grenze gesetzt wird. Selbstständigkeit rund um die Uhr brennt aus. Keine Frage, in der Anfangszeit ist die To-do-Liste lang, weil viele Dinge ins Rollen gebracht werden müssen. Selbst und ständig darf jedoch nicht das Motto im Dauerzustand sein. Der Preis dafür ist zu hoch. Der Körper beschwert sich irgendwann über die Dauerbelastung, Familie und Freunde kommen zu kurz, die Sozialkontakte schlafen ein. Sorgen Sie trotz aller Belastung und schöner Kundenaufträge für eine ausgeglichene Work-Life-Balance. Have a break! Legen Sie sich regelmäßig im übertragenen Sinne in die Hängematte, und seien Sie ein Faultier!

In der Auszeit, in einem sinnerfüllenden Job im Ausland sind Sie fern der Heimat und allein in einem fremden Land mit fremden Menschen. Es gilt, sich auf diese neue Umgebung einzulassen und sich vom gewohnten Terrain zu lösen. Ansonsten droht ein Spagat, weil weder das alte noch das neue Leben mit der notwendigen Bereitschaft gelebt werden kann. Die Arbeit in einem Waisenhaus in Uganda unter schwierigen Bedingungen bei 40 Grad Hitze kann nur mit dieser klaren Haltung ertragen und angenommen werden. Die Auszeit im Kloster in einem kleinen kargen Zimmer und schweigenden Mönchen als einzige Kontaktpersonen wird zum Alptraum, wenn dies als persönliche Zumutung definiert wird. Lassen Sie sich ein. Es ist Ihre Wahl gewesen, und darin liegt ein tieferer Sinn.

Ihr Entwicklungsschritt, der Sie dorthin gebracht hat, wo Sie gerade stehen, trennt im Freundes- und Familienkreis die Spreu vom Weizen. Es ist oftmals traurig, aber notwendig, sich von Menschen zu lösen, die dem gewünschten Ziel durch herabwertende Äußerungen im Wege stehen. »Das schaffst du ohnehin nicht!« »Bist du verrückt, deinen großartigen Job zu kündigen?« »Du willst dich mit Mitte fünfzig selbstständig machen? Na, dann mal viel Spaß. Du bist viel zu alt dafür!« Derlei Bemerkungen wirken als Bremse und sind genau das, was kein Mensch im beruflichen Wandlungsprozess gebrauchen kann. Wer trotz Ihrer guten Argumente und der Bitte um Unterstützung immer noch stoisch auf der Stelle verharrt, bleibt zurück. Es ist gut, diese Ängste dort zu lassen, wo sie hingehören: bei dem anderen und nicht bei Ihnen.

Der Aspekt der Angst steht im Veränderungsprozess an erster Stelle. Da machen wir uns nichts vor: Ein unbekannter Weg in eine noch ungewisse Zukunft drückt meist alle Angstknöpfe und setzt das Gehirn in Alarmbereitschaft. Das ist nur allzu menschlich und normal. Sich den Ängsten mutig zu stellen ist wichtig, denn auf diese Weise wird dem schwarzen Loch in der Bauchgegend die Kraft und Macht entzogen. Was steckt hinter der Angst? Ist sie tatsächlich berechtigt, und kann es so schlimm werden, wie die Angst vorgaukelt?

Die ehrliche Auseinandersetzung mit unseren Ängsten ist ein wichtiger Entwicklungsschritt auf dem Weg zu unserem Ziel. Wir wachsen und reifen dadurch. Alle Selbstständigen, die ich kenne, haben trotz jahrelanger Erfahrung in ihrem Job immer wieder Phasen der Angst und Unsicherheit. Die hätten sie übrigens auch, wenn sie in der Festanstellung geblieben wären. Denn welcher Job ist heutzutage noch sicher? Wie sicher ist Sicherheit?

Veränderung hat ihren Preis. Das zu leugnen wäre dumm. Wenn Veränderung mit Wachstum gleichgesetzt wird, ist es eine

Bereicherung für unser Leben. Gehen Sie mutig und freudvoll durch diese Veränderungsprozesse, und lassen Sie sich beschenken! Alles wird gut, heißt es. Ich korrigiere: Alles *ist* gut.

DANK

Für ihre unterstützende Begleitung, konstruktive Kritik und ihre wohlmeinenden Verbesserungsvorschläge danke ich Stef von Herzen. Sie hat mich aufgebaut, wenn ich mal wieder seufzend vor dem Laptop saß, weil meine vielen Gedanken für dieses Buch nicht den passenden Ausdruck fanden.

Sabine Fäth hat mich sanft zu diesem Projekt geschubst, weil sie an mich glaubt und meine Stärken besser kennt als ich. Sie ist eine Menschenkennerin und hat eine unglaublich ansteckende Energie, die mit Macht nach vorne strebt. Ich habe mich fröhlich mitreißen lassen. Danke dir!

Programmleiterin Caroline Colsman von Random House hat ebenfalls schon vor mir gewusst, welche Schätze in mir schlummern. Ihre großartige Projektidee habe ich mit rund 120.000 Zeichen umgesetzt und mich auf eine spannende Entdeckungsreise begeben können. Neue Erkenntnisse, von denen ich persönlich in meiner Entwicklung profitiere, sind in dieses Buch geflossen. Eine echte Bereicherung. Danke für die stets wertschätzende Begleitung und unkomplizierte Zusammenarbeit – auch mit Lektorin Silke Bromm! Annette Gillich-Beltz hat mit viel Feingefühl den finalen Feinschliff vorgenommen. Perfekt!

Ohne die vielen Erfahrungsberichte der Menschen, die ich für dieses Buch interviewt habe, wären die Botschaften nur halb so farbig und inspirierend. Ich danke allen, besonders den acht Mutmacher-Personen, für ihre Offenheit und spontane Bereitschaft, dieses Projekt zu unterstützen. Es war mir eine große Freude und Inspiration, von den so unterschiedlichen Erlebnissen erfahren zu dürfen!

Mein besonderer Dank gilt den drei Coaches Sabine Keiner aus Köln, Sigrun John aus Hamburg und Christine Werner aus Berlin! Sie haben mir das professionelle Fundament für dieses Buch geschenkt und ihr Erfahrungswissen mit mir geteilt. Die Hebung der Ressourcenschätze mit den individuellen Begabungen, Talenten und Fähigkeiten wäre in der hier verfassten Form ohne Sabine Keiner kaum möglich gewesen. Ihr umfangreicher Input für die entsprechenden Kapitel war für mich ein wertvolles Geschenk!

Dank auch an Ellen Ehrich, die für meine Recherche ihr Netzwerk aktiviert und viele gute Kontakte hergestellt hat.

Last, not least danke ich allen lieben Menschen in meinem Umfeld, die mich in diesem kreativen Prozess aufmunternd begleitet und mit großem Interesse die Entstehung dieses Buches verfolgt haben.

Ivanor, der Schöpferkraft von Lilith, der Kreativebene und Hermann Hesse gilt mein spezieller Dank.

ADRESSEN

Coaching und Training

Sigrun John

Wertecoach mit Schwerpunkt ressourcenorientierte Wahrnehmung, Mediation und Training, Hamburg.
www.sigrun-john.de

Sabine Keiner

Live Balance Coach, zertifizierter Burn-Out Coach, Beraterin, Köln.
www.raus-aus-dem-stress.com

Christine Werner

Berufscoach mit Schwerpunkt berufliche Erfüllung, Berlin.
www.christinewerner.net

Arbeiten im Ausland

Jobbatical

Vermittelt Jobs in über vierzig Ländern weltweit.
www.jobbatical.com

Auslandsjob

Umfangreiche Tipps, Adressen und Informationen.
www.auslandsjob.de

Indeed

Online-Jobbörse für Auslandsjobs.
www.indeed.com

Grenzenlosarbeiten

Hilft Abenteurern, einen Job im Ausland zu finden.

www.grenzenlosarbeiten.de

Sabbatical

Sabbatjahr

Alles über Sabbatjahr, Sabbatical, Auszeit und Ausstieg auf Zeit.

www.sabbatjahr.org

Karrierebibel

Sabbatical mit Modellen, Finanzierung und Tipps.

www.karrierebibel.de/sabbatical/

Wissensplattform: Arbeitszeit klug gestalten

Sabbatical mit Varianten der befristeten Auszeit vom Job.

www.arbeitszeit-klug-gestalten.de

Existenzgründung und Gründerkredite

Für Gründer

Portal für Gründer, Selbstständige, junge Unternehmer.

www.fuer-gruender.de

Junge Gründer

Online-Magazin für Start-ups, helfen bei der Unternehmensgründung.

www.junge-gruender.de

Deutschland startet
Expertentipps für Existenzgründer.
www.deutschland-startet.de

Bundesministerium für Wirtschaft und Energie
Umfassende Informationen für Existenzgründer.
www.existenzgruender.de

Gemeinschaftsinitiative Handwerkskammer
Mit Verzeichnis aller Handwerkskammern deutschlandweit, praktische Informationen zur Existenzgründung und Beratungsangebote.
www.handwerkskammer.de

Industrie- und Handelskammern (IHK)
Netzwerk aller Industrie- und Handelskammern mit umfangreichen Informationen über Veranstaltungen, Gründungsberatung, Startpaket für Existenzgründer.
www.ihk.de

Kreditanstalt für Wiederaufbau (KfW)
Weltweit größte nationale Förderbank für Existenzgründer.
www.kfw.de

Crowdfunding Informationsportal
www.crowdfunding.de

Startnext
Große Crowdfunding-Community im deutschsprachigen Raum.
www.startnext.com

Netzwerke für Frauen

Bundesverband der Frau in Business & Management (B.F.B.M.)

Setzt sich für die Förderung der beruflichen und gesellschaftlichen Gleichberechtigung von Frauen ein.

www.bfbm.de

Business and Professional Women (BPW)

Etablierter Wirtschaftsverband für Frauen mit dem Ziel der gegenseitigen Unterstützung.

www.bpw-germany.de

Digital Media Women (#DMW)

Setzt sich für mehr Sichtbarkeit von Frauen in der digitalisierenden Wirtschaft ein.

www.digitalmediawomen.de

MomPreneurs

Netzwerk und Wegweiser für selbstständige Mütter.

www.mompreneurs.de

Verband Deutscher Unternehmerinnen (VdU)

Größter branchenübergreifender Wirtschaftsverband für weibliches Unternehmertum.

www.vdu.de

REGISTER

QUELLEN

1 https://www.zeit.de/arbeit/2018-09/fehlzeiten-report-arbeit-zufriedenheit-gesundheit
2 https://www.boeckler.de/112353_117327.htm
3 https://www.mdr.de/wissen/zu-viel-arbeit-macht-krank-100.html
4 https://www.zeit.de/karriere/2016-10/frust-imjob-steigt-studie-mitarbeiter